Lösungen

zum Schülerbuch

Lernstufen zur *Mathematik*

Klasse 10
Mittelschule Bayern

Cornelsen

Erarbeitet von: Antje Siebert

Redaktion: Albrecht Kröner
Grafik und technische Umsetzung: Antje Siebert, zweiband.media, Berlin
Cover: stock.adobe.com/KURT AMTHOR FOTODESIGN/Kurt

www.cornelsen.de

1. Auflage, 1. Druck 2022

Druck: Athesiadruck GmbH

ISBN 978-3-464-54145-6

PEFC
PEFC/18-31-166

PEFC zertifiziert
Dieses Produkt stammt aus nachhaltig bewirtschafteten Wäldern und kontrollierten Quellen.

www.pefc.de

Inhalt

Potenzen, Wurzeln und Terme

9 Die Potenzschreibweise

Entdecken

1

a)
⑤ 16 Striche
⑥ 32 Striche
⑦ 64 Striche

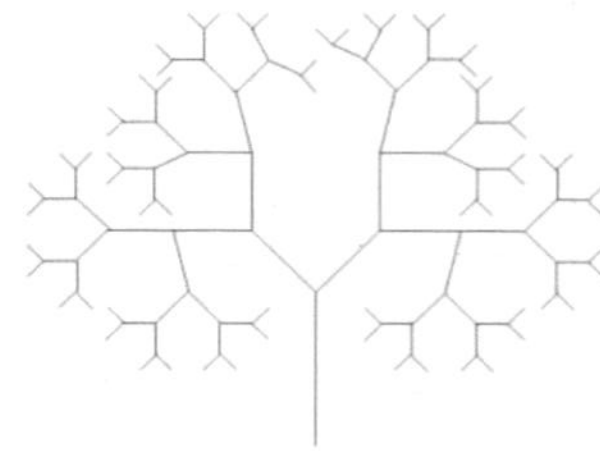

b) Die Anzahl der Striche verdoppelt sich bei jedem Schritt.

2

$3 \cdot 3 \cdot 3 \cdot 3 \cdot 3 \cdot 3$ ist größer. Zählen der Ziffer „3“ in jedem Term.

3

a) 1; 2; 4; 8; 16; 32; 64; 256. Die Zahlen werden jeweils verdoppelt.
b) 1; 3; 9; 27; 81; 243. Die Zahlen werden jeweils verdreifacht.
c) 1; 4; 16; 64; 256; 1024. Die Zahlen werden jeweils vervierfacht.

10 Üben und anwenden

1

A•≙ ②; B ≙ ③; C ≙④; D ≙ ①; E ≙⑤; F ≙ ⑦; G ≙ ⑥; H ≙ ⑧

2

a) 5^4; 4   b) 4^5; 5   c) 3^3; 3
d) 6^4; 4   e) $(-2)^2$; 2   f) $\left(\frac{1}{4}\right)^3$; 3

3

a) $3 \cdot 3 \cdot 3 \cdot 3 = 81$
b) $6 \cdot 6 = 36$
c) $2 \cdot 2 \cdot 2 \cdot 2 \cdot 2 = 32$
d) $3 \cdot 3 \cdot 3 \cdot 3 \cdot 3 = 243$
e) $7 \cdot 7 \cdot 7 = 343$
f) $6 \cdot 6 \cdot 6 \cdot 6 = 1296$
g) $15 \cdot 15 = 225$
h) $(-3) \cdot (-3) \cdot (-3) \cdot (-3) \cdot (-3)$
$= -243$
i) $\frac{1}{2} \cdot \frac{1}{2} \cdot \frac{1}{2} = \frac{1}{8}$

2

a) 4^4 b) $(-8)^5$ c) $1{,}4^3$ d) 0^4
e) $(-3)^3$ f) $\left(\frac{1}{5}\right)^3$ g) a^3 h) 10^5
i) $(xy)^3$ j) $(2x)^4$

3

a) $10 \cdot 10 \cdot 10 \cdot 10 \cdot 10 \cdot 10 = 1\,000\,000$
b) $0{,}3 \cdot 0{,}3 \cdot 0{,}3 \cdot 0{,}3 = 0{,}0081$
c) $0{,}25 \cdot 0{,}25 \cdot 0{,}25 = \frac{1}{64} = 0{,}015625$
d) $(-0{,}4) \cdot (-0{,}4) \cdot (-0{,}4) = -\frac{8}{125}$
$= -0{,}064$
e) $0{,}2 \cdot 0{,}2 = 0{,}04$
f) $\frac{1}{8} \cdot \frac{1}{8} \cdot \frac{1}{8} = \frac{1}{512} = 0{,}001953125$
g) $\left(-\frac{3}{4}\right) \cdot \left(-\frac{3}{4}\right) = \frac{9}{16} = 0{,}5625$
h) $(-7) \cdot (-7) = 49$
i) $(-0{,}7) \cdot (-0{,}7) = \frac{49}{100} = 0{,}49$

4

a) $1^3 = 1$; $2^3 = 8$; $3^3 = 27$;
$4^3 = 64$; $5^3 = 125$; $6^3 = 216$;
$7^3 = 343$; $8^3 = 512$; $9^3 = 729$;
$10^3 = 1000$
b) $(-1)^3 = -1$; $(-2)^3 = -8$;
$(-3)^3 = -27$; $(-4)^3 = -64$;
$(-5)^3 = -125$; $(-6)^3 = -216$;
$(-7)^3 = -343$; $(-8)^3 = -512$;
$(-9)^3 = -729$; $(-10)^3 = -1000$
c) $2^0 = 1$; $2^1 = 2$; $2^2 = 4$; $2^3 = 8$;
$2^4 = 16$; $2^5 = 32$; $2^6 = 64$; $2^7 = 128$;
$2^8 = 256$; $2^9 = 512$; $2^{10} = 1024$
d) $1^0 = 1$; $1^1 = 1$; $1^2 = 1$; $1^3 = 1$; $1^4 = 1$;
$1^5 = 1$; $1^6 = 1$; $1^7 = 1$; $1^8 = 1$; $1^9 = 1$;
$1^{10} = 1$

5

a) $-3^4 = -(3 \cdot 3 \cdot 3 \cdot 3) = -81$ (Der Exponent bezieht sich nur auf die Basis 3.)
$(-3)^4 = (-3) \cdot (-3) \cdot (-3) \cdot (-3) = 81$ (Durch die Klammer bezieht sich der Exponent auf die Basis −3)
b) $\frac{2^2}{3} = \frac{2 \cdot 2}{3} = \frac{4}{3}$
$\left(\frac{2}{3}\right)^2 = \frac{2}{3} \cdot \frac{2}{3} = \frac{2 \cdot 2}{3 \cdot 3} = \frac{4}{9}$
Begründung: s. o.
c) $4 \cdot 5^3 = 4 \cdot 5 \cdot 5 \cdot 5 = 500$
$(4 \cdot 5)^3 = 8000$
Begründung: s. o.
d) $2^5 = 2 \cdot 2 \cdot 2 \cdot 2 \cdot 2 = 32$
$(-2)^5 = (-2) \cdot (-2) \cdot (-2) \cdot (-2) \cdot (-2)$
$= -32$
Begründung: s. o.

4

a) $1^4 = 1$; $2^4 = 16$; $3^4 = 81$;
$4^4 = 256$; $5^4 = 625$; $6^4 = 1296$
b) $3^0 = 1$; $3^1 = 3$; $3^2 = 9$;
$3^3 = 27$; $3^4 = 81$; $3^5 = 243$;
$3^6 = 729$
c) $(-1)^5 = -1$; $(-2)^5 = -32$;
$(-3)^5 = -243$; $(-4)^5 = -1024$;
$(-5)^5 = -3125$
d) $(-1)^1 = -1$; $(-1)^2 = 1$; $(-1)^3 = -1$;
$(-1)^4 = 1$; $(-1)^5 = -1$; $(-1)^6 = 1$;
$(-1)^7 = -1$; $(-1)^8 = 1$; $(-1)^9 = -1$;
$(-1)^{10} = 1$;

5

a) $4v^3 = 4 \cdot v \cdot v \cdot v$ (Der Exponent bezieht sich nur auf die Basis v)
$(4v)^3 = 4v \cdot 4v \cdot 4v = 64v^3$ (Durch die Klammer hat der Exponent die Basis 4v)
b) $a \cdot 5^2 = 25a$
$(a \cdot 5)^2 = 25a^2$
Begründung: s. o.
c) $-x^6 = -(x \cdot x \cdot x \cdot x \cdot x \cdot x)$
$(-x)^6 = (-x) \cdot (-x) \cdot (-x) \cdot (-x) \cdot (-x) \cdot (-x)$
$= x^6$
Begründung: s.o.
d) $\frac{b^4}{3} = \frac{b \cdot b \cdot b \cdot b}{3}$
$\left(\frac{b}{3}\right)^4 = \left(\frac{b}{3}\right) \cdot \left(\frac{b}{3}\right) \cdot \left(\frac{b}{3}\right) \cdot \left(\frac{b}{3}\right) = \frac{b^4}{81}$
Begründung: s.o.

6

a) $(-3)^2 = 9$; $(-3)^3 = -27$; $(-3)^4 = 81$; $(-3)^5 = -243$; $(-3)^6 = 729$
Bei geradem Exponenten wird die Potenz positiv, bei ungeradem Exponenten negativ.
b) Bei negativer Basis ist der Potenzwert positiv, wenn der Exponent gerade ist. Der Potenzwert ist negativ, wenn der Exponent ungerade ist.

7
a) 1250 b) 175 c) 180 d) 2
e) 5000 f) −2048 g) 0,987 h) 150

7
a) 900 b) 800 000 c) −8192 d) 25
e) 180 f) 10,8 g) 1 h) 32,5
i) −32,5 j) −32,5

11 **Entdecken**

1
a) Der Exponent verringert sich in jedem Schritt um 1, was dazu führt, dass sich der Wert der Potenz halbiert.

b)
$2^4 = 16$: 2
$2^3 = 8$: 2
$2^2 = 4$: 2
$2^1 = 2$: 2
$2^0 = 1$: 2
$2^{-1} = \frac{1}{2}$: 2
$2^{-2} = \frac{1}{2^2} = \frac{1}{4}$: 2
$2^{-3} = \frac{1}{2^3} = \frac{1}{8}$

c)
$2^{-4} = \frac{1}{2^4} = \frac{1}{16}$
$2^{-5} = \frac{1}{2^5} = \frac{1}{32}$
$2^{-6} = \frac{1}{2^6} = \frac{1}{64}$

d)
$4^4 = 256$
$4^3 = 64$
$4^2 = 16$
$4^1 = 4$
$4^0 = 1$
$4^{-1} = \frac{1}{4}$
$4^{-2} = \frac{1}{4^2} = \frac{1}{16}$
$4^{-3} = \frac{1}{4^3} = \frac{1}{64}$
$4^{-4} = \frac{1}{4^4} = \frac{1}{256}$
$4^{-5} = \frac{1}{4^5} = \frac{1}{1024}$
$4^{-5} = \frac{1}{4^6} = \frac{1}{4096}$

Üben und anwenden

1
a) 4^{-2} b) 12^{-4} c) 3^{-5} d) 5^{-6}

2
a) $\frac{1}{4^3} = \frac{1}{64}$ b) $\frac{1}{10^4} = \frac{1}{1000}$
c) $\frac{1}{(-5)^2} = \frac{1}{25}$ d) $\frac{1}{(-1)^9} = -1$
e) $\frac{1}{3^4} = \frac{1}{81}$ f) $\frac{1}{(-2)^5} = \frac{1}{-32}$

12 **3**
a) − b) + c) −
d) + e) − f) −

4
6^{-3} a) Bruchtaste ⇨ Zähler: 1, Nenner: $\mathbf{6^3}$
b) Potenztaste ⇨ Basis: 6, Exponent: $-\mathbf{36^{-3}}$

1
a) 6^{-5} b) 9^{-3} c) 16^{-1} d) $5 \cdot 8^{-1}$

2
a) $\frac{1}{8}$ b) $\frac{1}{12^2} = \frac{1}{144}$
c) $\frac{1}{(-6)^3} = -\frac{1}{216}$ d) $\frac{1}{(\frac{3}{4})^2} = \frac{1}{\frac{9}{16}} = 1\frac{7}{9}$
e) $\frac{1}{(3a)^5}$ f) $\frac{2}{5^4} = \frac{2}{625}$

3
a) − b) − c) + d) −
e) + f) − g) − h) +

$-\mathbf{2^{-5}}$ a) Bruchtaste ⇨ Zähler: 1, Nenner: $(-\mathbf{2})^5$
b) Potenztaste ⇨ Basis: $(-\mathbf{2})$, Exponent: $-\mathbf{5}$

5
a) $-64 = -64$ b) $49 > -49$
c) $16 = 16$ d) $-0{,}00243 < 0{,}00243$
e) $2 > \frac{1}{8}$ f) $-6 > -8$

6
$6^4 = 1296$

7

10^{-4}	m² ⇨ cm²	
10^{-3}	m ⇨ mm	
10^{-2}	cm² ⇨ mm²	
10^{-1}		
10^{1}	mm ⇨ cm	
10^{2}	cm ⇨ m	
10^{3}	ml ⇨ l	dm³ ⇨ m³
10^{4}	dm ⇨ km	cm² ⇨ m²

8
z.B.: $10^{-4} < 10^{-2} < 10^{-1} < 10^0 < 10^2 < 10^3 < 10^5$

5
a) 162 b) 175
c) $\frac{5}{36}$ d) $-\frac{5}{36}$
e) 180 f) $\frac{128}{135} \approx 0{,}95$

6
ja, denn $10^8 > 83\,000\,000$

7
a) =; b) >; c) =; d) <; e) >;
f) >; g) <; h) <; i) 2; j) 5;
k) 6; l) 9^9; m) <; n) 8^2
o) zu i) (−4); j) < 5 ; k) nein; l) nein;
m) nein; n) $64^1, 8^2$

8
a) 2^{22}; 22^2; $(2^2)^2$; 2^{2^2}
b) 3^{33}; 3^{3^3}; 33^3; $(3^3)^3$
c) $(-10)^8$; $(-6)^8$; 10^6; 8^6

Werkzeug: Potenzgesetze

13 **1**
a) Verteilungsgesetz, Vertauschungsgesetz, Klammern zuerst rechnen
b) Verteilungsgesetz, Vertauschungsgesetz, Klammern zuerst rechnen
c) Verteilungsgesetz, Vertauschungsgesetz, Klammern zuerst rechnen, Punkt- vor Strichrechnung

2
a) Potenzieren geht vor Strichrechnung
b) Die Basis ist unterschiedlich, Potenzieren geht vor Strichrechnung
c) Die Basis ist unterschiedlich

3
a) Potenzieren geht vor Strichrechnung (neu)
b) Potenzieren geht vor Punktrechnung (neu)
c) Klammerrechnen geht vor Potenzieren (neu)
d) Klammerrechnen geht vor Potenzieren (neu)

13 Üben und anwenden

1
a) 500
b) 2304
c) −63060

2
a) $17a^5$b) $-4v^7$
c) $-4x^8$ d) $7d^7 - 2d^3$
e) $-1{,}25b^5$ f) $-2{,}2y^4$
g) $2(m^2 + k^2)$ h) $6ax^7$
i) 0 j) $(c-d)x^6$

3
a) > b) > c) =
d) <

1
a) −74 b) −64
c) 0 d) 591
e) 16 f) 160

2
a) $-7a^6$
b) $10x^4y^4$
c) $59a^2 - 80a^4$
d) $-6{,}25v^4 + 3{,}275w^4$
e) $6\frac{3}{4}a^2 - 3b^4$

3
a) = b) = c) <
d) =

4
a) Regelverletzung: Potenzieren geht vor Punktrechnung; 1215
b) Regelverletzung: Potenzieren geht vor Strichrechnung; −500
c) Regelverletzung: Potenzieren geht vor Punktrechnung; 32

14 **1**
Luca: $4^5 = 4 \cdot 4 \cdot 4 \cdot 4 \cdot 4 = 1024$
Shadi: $4^3 \cdot 4^2 = 4 \cdot 4 \cdot 4 \cdot 4 \cdot 4 = 1024$
Sina: $4^6 : 4 = 4 \cdot 4 \cdot 4 \cdot 4 \cdot 4 \cdot 4 : 4 = 1024$

Potenzen mit gleicher Basis werden durch Addition der Exponenten multipliziert, bzw. durch Subtraktion der Exponenten dividiert

2
a)

Aufgabe		Ergebnis	
mit Zehnerpotenzen			Als Zehnerpotenz
$10^2 \cdot 10^1$	$100 \cdot 10$	1000	10^3
$10^3 \cdot 10^2$	$1000 \cdot 100$	100000	10^5
$10^1 \cdot 10^3$	$10 \cdot 1000$	10000	10^4
$10^{-1} \cdot 10^3$	$\frac{1}{10} \cdot 1000$	100	10^2

Aufgabe		Ergebnis	
mit Zehnerpotenzen			als Zehnerpotenz
$10^3 : 10^1$	1000 : 10	100	10^2
$10^3 : 10^2$	1000 : 100	10	10^1
$10^2 : 10^1$	100 : 10	10	10^1
$10^2 : 10^{-1}$	$100 : \frac{1}{10}$	1000	10^3

- Der Exponent der Zehnerpotenzen gibt die Anzahl der Nullen der entsprechenden Dezimalzahl an.
- Die Exponenten werden bei der Multiplikation addiert und bei der Division subtrahiert.

b) Gruppenarbeit, s.u.

14 Üben und anwenden

1
a) multipliziert, 2^5 b) dividiert, 2^{-1} c) multipliziert, 3^5
d) dividiert, $(-3)^{-1}$ e) multipliziert, $(-4)^3$ f) multipliziert, 4^{-3}

2
a) a^9 b) x^3 c) b^3
d) y^3 e) $2x^7$ f) a^{-1} $(a \neq 0)$

2
a) x^{11} b) $x^3 \cdot y^6$ c) $4a^6$
d) $2^{-1} \cdot b^8$ e) 1 f) $3a^5$

3
a) x= 6,5 b) $a = \frac{7}{9}$

15 **1**
a) Die Exponenten sind identisch. Linus multiplizierte erst die Basen und potenzierte anschließend.
b) s.u.
c) Gruppenarbeit, s.u.

2
Gruppenarbeit

15 Üben und anwenden

1
a) 144 b) 216 c) −512 d) $\frac{1}{144}$

2
a) $(xy)^3$ b) $(ab)^{-3}$
c) $\left(\frac{a}{b}\right)^6$ (b ≠ 0) d) $\left(\frac{s}{t}\right)^{-2}$ (t ≠ 0)
e) $(8ab)^3$ f) $4^6 = 4096$

2
a) $(-5)^3$ b) $\left(\frac{1}{2}\right)^9$ c) $(2ab)^6$
d) $(3[s-2])^2$ e) $17(6a)^3$ f) 4^4
g) $\left(\frac{2u}{v}\right)^3$ (v≠ 0) h) $x^2 \cdot y^3$

3
a) Es ist nicht möglich alle Ziffern auf dem Taschenrechner zu sehen.
b) Der Exponent ist zu groß für die Berechnung mit dem Taschenrechner.
c) Der Exponent ist zu klein für die Berechnung mit dem Taschenrechner.
d) Der Taschenrechner kann bei der Basis 3 nur mit Exponenten bis 209 rechnen.

16 **Üben und anwenden**

1

a) Man Exponenten potenziert, indem man beide Exponenten miteinander multipliziert.
b) s.o. Die Ergebnisse sind unterschiedlich, weil bei Aufgabe b die Potenz Vorrang vor der Negation hat.

2

a) x^6 b) y^{10}
c) $(-0{,}2)^4 \cdot a^{12}$
d) 2^{20} e) $(-1{,}5)^{-24}$ f) $2{,}5^6$

3

a) $(2 \cdot 3)^2 = 36$
b) $(2)^{3-2} = 2$
c) $(20 \cdot 5)^5 = 10\,000\,000\,000$
d) $(8)^{4-3} = 8$
e) $(4 \cdot 2{,}5)^{-5} = \frac{1}{10\,000}$
f) $(0{,}2 \cdot (-5))^5 = -1$
g) $(-5)^{4-2} = 25$
h) $(-25 \cdot 4)^4 = 100\,000\,000$
i) $(15 : 5)^{-3} = \frac{1}{3^3}$

4

a) 10^5 b) 10^4 c) 3^4 d) d^4

5

a) $(-x)^9$ b) $a^{12}b^{20}$
c) $c^{12}d^{10}$ d) $2^3e^7f^4$.
e) $(-9)^{22}$ f) $\left(\frac{3a}{b}\right)^2$

6

a) $7y^3$ b) $-5a^4$
c) $\frac{3}{4x^2}$ d) 9^{-4}
e) $27x^7y^6$

2

a) b^n b) $b^{n(n-1)}$ c) $b^{2n} - b^n$

3

a) $(-5 \cdot 2)^7 = -10\,000\,000$
b) $(40 : 4)^{-5} = \frac{1}{100\,000}$
c) $\left(\frac{1}{12} \cdot 24\right)^4 = 16$
d) $\left(\frac{1}{8} \cdot 4\right)^8 = \frac{1}{256}$
e) $\left(\frac{3}{2}\right)^3 = 3\frac{3}{8}$
f) $\left(\frac{3 \cdot 8}{4 \cdot 3}\right)^4 = 16$
g) $(2ab)^3$
h) $(0{,}4 : [-2])^3 = -0{,}008$
i) $(100 : [-5])^4 = 160\,000$
j) $125b^6$
k) $(-144 : 12)^2 = 144$
l) $8^6 \cdot x^{15} = 262144 \cdot x^{15}$

4

a) $0{,}1^9$ b) 1^4 c) 1^5 d) $2(d)^6$

5

a) $x = 5$ b) $x = -2$
c) $x = 10$ d) $x = 2$
e) $x = -2$ f) $x = -4$

6

a) $\left(\frac{2v}{12w}\right)^3$ b) $\frac{v^{31}}{w^3}$
c) $\frac{x^{m+4}}{y}$ d) $6x^6y^6z^2$.

17 Wurzeln

17 **Entdecken**

1

$x^3 = 216 \Rightarrow x = 6$ $x^4 = 4096 \Rightarrow x = 8$
$x^5 = 1024 \Rightarrow x = 4$ $x^8 = 6561 \Rightarrow x = 3$
$x^2 = 49 \Rightarrow x = 7$ $x^6 = 15625 \Rightarrow x = 5$

2

a) 12 cm/ 1728 cm³; 9 cm/ 729 cm³; 6 cm/ 216 cm³;
b) $(5\,cm)^3 = 125$ cm³; $(20\,cm)^3 = 8000$ cm³; $(13\,cm)^3 = 4096$ cm³;
250 cm³ ≈ (6,3 cm)³; 800 cm³ ≈ (9,28 cm)³; 2048 cm³ ≈ (12,7 cm)³;

3

a)

x	0	2	3	4	6	8	10
3^x	1	9	27	81	729	6561	59049

b)

x	1	2	4	6	7	9	11
10^x	10	100	10000	1000000	10 Mio.	1 Mrd.	100 Mrd.

4

① 2; 5; 8; 11
② 2; 6; 18; 54
③ 2; 8; 512; 134 217 728
a) ① Der Verlauf steigt langsam und linear;
② Der Verlauf steigt schneller und exponentiell;
③ Der Verlauf steigt noch schneller.
b) ① 332; ② 5; ③ 3
c) ① 994; ② 111; ③ 37
d) ① 10; ② 27; ③ 1

19 **Üben und anwenden**

1

A → ⑥ B → ④ C → ② D → ① E → ③ F → ⑤ G → ⑦

2

a) richtig b) richtig
c) falsch; 1 d) falsch, 2,22
e) falsch; 6,3 f) falsch; 4,64

3

a) 8 b) 2,62 c) 11
d) 1,66 e) 0,82 f) 4,21

2

a) richtig b) falsch, 0,046
c) falsch; 0,333 d) richtig
e) richtig f) richtig

3

a) 13,94 b) 3,91 c) 5,85
d) 0,8 e) 2,1 f) 3,02

4
a) 8 b) 11 c) 3
d) 10 e) 12 f) 1

5
a) < b) < c) < d) > e) > f) >

6
a) a = 7 b) a = 3
c) a = 4 d) a = 12

7
a) 15 b) 89 c) 46
d) 8 e) 11 f) 888

20 **8**
a) 0,144 b) 4
c) richtig d) 30
e) richtig f) richtig
g) 12,62 g)20

9
a) x = 6 b) x = 8
c) x = 3 d) x = 1
e) y = 3125 f) y = 0,008

10
a) $5^{3\cdot\frac{1}{3}} = 5^1 = 5$ b) $7^{3\cdot\frac{1}{3}} = 7^1 = 7$ c) $2^{3\cdot\frac{1}{3}} = 2^1 = 2$ d) $8{,}5^{3\cdot\frac{1}{3}} = 8{,}5^1 = 8{,}5$

11
a) $\sqrt[4]{3}$ b) $\sqrt[2]{5}$ c) $\sqrt[3]{10}$ d) $\frac{1}{\sqrt[5]{100}}$ e) $6^{\frac{1}{3}}$ f) $7^{\frac{1}{2}}$ g) $2^{\frac{3}{5}}$ h) $\frac{1}{16^{\frac{3}{4}}}$

12
a) 2 b) 9 c) 2 d) $\frac{5}{81}$ e) 28,12 f) 100

13
a) 2^4; 2^1; 2; $\sqrt{2}$; $\sqrt[3]{2}$; $\sqrt[6]{2}$; 2^0; 2^{-1}; 2^{-4}
b) $0{,}3^{-3}$; $0{,}3^0$; $\sqrt[5]{0{,}3}$; $\sqrt{0{,}3}$; 0,3; $0{,}3^1$; $0{,}3^2$

4
a) 0,7 b) 909,1 c) 1
d) 3 e) 4 f) 11

6
a) a = 10 cm b) a = 9,28 cm
a = 21,5 cm a = 4,31 cm
a = 46,4 cm a = 2 cm
a = 100 cm a = 0,9 cm
a = 215,4 cm a = 0,2 cm

7
a) 43,22 b) 1,43 c) 3,06
d) 0,30 e) 31,49 f) 3,93

8
a) Natürliche Zahlen
b) Rationale Zahlen zwischen 0 und1.

9
a) x = 9 b) y = 6
c) z = 4 d) x = 1
e) x = 16 f) y = 0,4

14
1,414(0,154)1,260(0,071)1,189(0,040)1,149(0,027)1,122(0,018)1,104(0,014)1,090

15
a) Multiplikation von Potenzen mit gleicher Basis
b) Division von Potenzen mit gleicher Basis
c) Multiplikation von Potenzen mit gleichem Exponenten
d) Potenzieren von Potenzen mit gleichem Exponenten

16
a) 8 b) 3
c) 4,243 d) 3
e) 3 f) 6

16
a) $a^{\frac{2}{3}}$ b) b^2
c) $c^{\frac{3}{2}}$ d) 3
e) $2^{\frac{1}{32}}$ f) 3

21 Logarithmen

21 Entdecken

1
3 ≙ Basis; 5 ≙ Exponent; 243 ≙ Wert der Potenz

2
a) $\boldsymbol{b^3 = 8;\ b^3 = 125}$ **→ Ziehen der dritten Wurzel**
Potenziere 2 mit dem Exponenten 4, bzw. 8 mit dem Exponenten 3
b) Gruppenarbeit

3

x	-0,5	-1	2	3	3,4
2^x	0,25	0,5	4	8	10

22 Üben und anwenden

1
a) $\log_2 2 = 1$ b) $\log_2 8 = 3$ c) $\log_{10} 100 = 2$ d) $\log_2 64 = 6$
e) $5^4 = 625$ f) $4^3 = 64$ g) $7^3 = 343$ h) $6^4 = 1296$

2
a) $\log_5 125 = 3$
b) $\log_3 81 = 4$
c) $\log_{10} 1000 = 3$
d) $\log_{10} 0{,}01 = -2$
e) $\log_{0{,}1} 0{,}001 = 3$
f) $\log_{\frac{1}{2}} \frac{1}{16} = 4$

2
a) $\log_3 27 = n$; n= 3
b) $\log_7 49 = n$; n = 2
c) $\log_5 125 = n$; n = 3
d) $\log_{10} 10\,000 = n$; n = 4
e) $\log_{\frac{2}{3}} \frac{8}{27} = n$; n = 3
f) n = 0,001

3

a) $3^4 = 81$
b) $10^1 = 10$
c) $2^{-3} = 0{,}125$
d) $16^{0,5} = 4$
e) $2^0 = 1$
f) $4^1 = 4$

a) $2^x = 8$; $x = 3$
b) $5^x = 125$; $x = 3$
c) $2^x = 64$; $x = 6$
d) $3^x = 27$; $x = 3$
e) $8^x = 1$; $x = 0$
f) $6^x = 6$; $x = 1$
g) $3^x = 33$; $x = 3{,}1827$
h) $5^x = 514$; $x = 3{,}8785$

4

a) Falsch, potenzieren bedeutet, den Wert der Potenz zu berechnen.
b) Falsch, der Logarithmus ist die Zahl, mit der man die Basis potenziert, um den Prozentwert zu erhalten.
c) Falsch, logarithmieren bezeichnet das Errechnen des Exponenten.
d) Falsch, das Wurzelziehen ist eine Umkehrfunktion des Potenzierens.
e) Falsch, mit $\log_b a$ wird der Exponent bezeichnet, mit dem potenzieren wird, um a zu erhalten.
f) Falsch, beim Potenzieren dürfen Basis und Exponent nicht vertauscht werden.
g) Richtig.

5

1. Schritt: Logarithmus ist Potenzschreibweise umwandeln.
2. Schritt: Berechnen des Exponenten → log(Prozentwert) : log(Basis)

6

a) $x = 4$ b) $x = 6$ c) $x = 7$
d) $x = 3$ e) $x = 5$ f) $x = 4$

6

a) $x = 4$ b) $x = 6$ c) $x = 2$
d) $x = 1{,}95$ e) $x = 2{,}58$ f) $x = 2{,}32$
g) x = 3 h) x = 0, nicht berechenbar

23 Summen und Differenzen multiplizieren

23 Entdecken

1

a) ① (30 m + 12 m) · (8 m + 18 m) ② 30 m· (8 m + 18 m) + 12 m ·8 m + 12 m · 18 m
b) individuell
c) ① (a+b) · (c+d) ② a· (c+d) + b·c + b·d

2

a) (20 · 30) + (7 ·30) + (20 · 8) + (7 · 8)
Schritt 1: Entsprechende Zahlen multiplizieren
Schritt 2: Zwischenergebnisse addieren
b) Gruppenarbeit

c) ① $(\boldsymbol{a^2} + 4a) + (5a + 20) = \boldsymbol{a^2} + 9a + 20$
② $(xy + 6x) + (5y + 30) = 6x + xy + 5y + 30$
③ $(3a + 15) + (2a^2 + 10a) = 2a^2 + 3a + 15$
d)s.u.

24 Üben und anwenden

1

a) ③ b) ① c) ④
d) ⑤ e) ②

1

a) 8 b) 5b; 30 c) 7z
d) cd; 33; 11d e) 3b; 8a; ab
f) xy; 2x

2

a) ab + 8a + 4b + 32
b) $x^2 + 4x + 3$
c) $a^2 + 14a + 24$
d) 3e + 24 + de + 8d

2

a) $a^2 + 23a + 131$
b) 2fg + 10f + 3g + 15
c) 4v + 24 + 3uv + 18 u
d) $8b^2 + 44b + 56$

3

a) 2x + xy + 3y +6
b) $2a^2 + 47a + 140$
c) $4{,}5x + xy + 4{,}5y + y^2$
d) $7a^2 + 16ab + 9b^2$

4

a) 7
b) 3; b; 2a
c) p; 2; np

4

a) 4; y; 2x
b) y; ay; −12
c) −; −; xz; 14

5

a) ① Oranger Flächeninhalt xy – weißer Flächeninhalt.
② Oranger Flächeninhalt ≙ 2 Rechtecke, die addiert werden
③ Falsch, der Flächeninhalt von ab wird subtrahiert.
④ oranger Flächeninhalt ≙ 3 Rechtecken, die addiert werden.
b) ② xy – ax + ax – ab = xy – ab
④ xy –ax – by + ab +ax – ab + by – ab = xy – ab

6

a) (a + 2x) · (b + 2x) –ab
b) Rechteck (a + 2x) · (b + 2x) – Rechteck ab
c) $2ax + 2bx + 4x^2 = ab + 2ax + 2bx + 4x^2 - ab$
d) 54,72 m²
e) Steinplatte: 0,6 m x 0,6 m, 152 Stück

25 Die binomischen Formeln

25 Entdecken

1

a) $A = 36m^2 + 16m^2 + 2\sqrt{36}\cdot\sqrt{16}m^2 = 100m^2$
b) $A = x^2 + 2\cdot 2x + 4$
c) $A = a^2 + 2ab + b^2$
$A = a(a + b) + b(a + b)$

26 Üben und anwenden

1
a) $16 + 8y + y^2$
b) $a^2 + 10a + 25$
c) $x^2 + 24x + 144$
d) $s^2 + 30s + 225$

2
a) $25 - 10t + t^2$
b) $b^2 - 8b + 16$
c) $64 - 16p + p^2$
d) $c^2 - 14c + 49$

3
a) $x^2 - 4$
b) $64 - a^2$
c) $a^2 - 81$
d) $y^2 - z^2$

4
a) + ; +
b) –
c) + ; –
d) – ; +

5
a) c^2 b) x^2 c) d^2 d) m^2

6
a) $y^2 + 6y + 9$
b) $x^2 - 8x + 16$
c) $a^2 - 25$
d) $9 - 6c + c^2$
e) $a^2 - 8a + 16$
f) $a^2 - 18a + 81$
g) $x^2 + 10x + 25$
h) $x^2 + 81$

7
a) $36 + 12x + x^2$
b) $a^2 + 16a + 64$
c) $9 + 6b + b^2$
d) $y^2 + 10y + 25$
e) p^2

1
a) $16a^2 + 112a + 196$
b) $9b^2 + 36b + 36$
c) $4x^2 + 12x + 9$
d) $x^4 + 2x^2y^3 + y^6$

2
a) $121 - 44y + 4y^2$
b) $9y^2 - 18y + 9$
c) $1 - 2c^3 + c^6$
d) $100 - 100x + 25x^2$

3
a) $16 - 9x^2$
b) $4c^2 - 9$
c) $36 - x^2y^2$
d) $d^2 - 400e^2$

4
a) $-2b^2 - 2b - 0{,}96$
b) $0{,}5 + 2r^2$
c) $16x - 16$
d) $-3y^2 - 4y + 15$

5
a) $x = -2$ b) $k = 25$
c) $x = 6$ d) $x = \pm 2$

6
a) $4x^2 + 12x + 9$
b) $2x^2 - 12x + 4$
c) $16x^2 - 24x + 9$
d) $9x^2 - 1$
e) $25 - 4x^2$
f) $36x^2 - 81$
g) $36x^2 + 84x + 49$
h) $100x^2 - 100x + 25$

7
a) $x^2 - 2ax + a^2$
b) richtig
c) $9a^2 + 30ab + 25b^2$
d) $4x^2 - y^2$
e) $121 - 88x + 16x^2$

8
Die Aussage ist wahr, denn es gilt das Kommutativgesetz

Werkzeug: Binomische Formeln rückwärts anwenden

27 **1**

$y^2 - 6y + 9$	$= (y - 3)^2$
$9 - 6y + y^2$	$= (3 - y)^2$
$4x^2 - y^2$	$= (2x + y)(2x - y)$
$x^2 - 2xy + y^2$	$= (x - y)^2$
$x^2 + 6xy + 9y^2$	$= (x + 3y)^2$
$x^2 - 6xy + 9y^2$	$= (x - 3y)^2$
$9x^2 + 5xy + y^2$	$= (3x + y)^2$
$9 + 6x + x^2$	$= (x + 3)^2$

27 Üben und anwenden

1
a) v b) 2 c) 3x

2
a) + 4
b) + 4
c) + 36
d) + 36
e) + 256
f) + 0,0256
g) + 81
h) + 0,81

1
a) 3b
b) (4d + 2e) (4d – 2e)
c) $x^2 - 6xy + 9y^2 = (x - 3y)^2$

2
a) + 256
b) + 0,09
c) $+\frac{1}{16}$ d) $+\frac{1}{25}$
e) + 1 440 000
f) + 0,0016
g) + 6,25
h) + 0,1296

3

a) $(a + 3b)^2 = a^2 + 6b + 9b^2$
b) $(2x - y)^2 = 4x^2 - 4xy + y^2$
c) $(3 - 4z)^2 = 9 - 24z + 16z^2$

3

a) Falsch, da
⇨ ohne mittleren Teil 2xy
⇨ y^2 ist positiv
b) Falsch, da $- x^2$
c) Falsch, da $- y^2$
d) Wahr, (y + x) (y – x)

30 Vermischte Übungen

1

a) x = 5 b) x = 3 c) x = 144
d) x = 4 e) x = 4 f) x = 3
g) x = 0,2 h) x = 13

2

2^{10}; 3^7; 4^5; 5^5; 6^4; 7^4; 8^4; 9^4; 10^3

3

a) 2^{10}
b) 5^0
c) $(-7)^4$
d) 1^{-3}
e) $(-1)^6$
f) 9^{-2}

4

a) $\frac{1}{10^3}$ b) $\frac{1}{15^5}$ c) $\frac{1}{100^6}$ d) $\frac{1}{\sqrt{6}}$ e) $\frac{1}{\sqrt[3]{125}}$ f) $\frac{625}{1000}$
g) 10^{-1} h) 10^{-3} i) 10^{-4} j) $4 \cdot 10^{-4}$ k) $6^2 \cdot 63^{-1}$ *l*) $2^8 \cdot 210^{-1}$

5

a) 1, da 1 · 1 stets 1 ergibt. b) 0, laut Definition

6

a) 6739,2
b) 61,0875
c) 6,9282
d) 35,4965
e) 116,84
f) – 1,3096
g) 96,8377

1

a) x = 5 b) x = 3 c) x = 5
d) x = 125 e) x = 5 f) x = 4
g) x = 3,5 h) x = 6

2

a) Aufgrund der scheinbaren Spiegelsymmetrie
b) 7 ⇨ 343

3

a) >
b) >
c) <
d) <
e) >
f) >

6

a) 3287,04
b) 1175,2498
c) 137,0971
d) 1,5572
e) 275,3
f) 9831,9844
g) 4333783,138

h) 1261,2577

7

a) Ja, denn der Exponent ist laut Definition die Anzahl der gleichen Faktoren.
b) Nein, denn im Quadrat wird die Basis mit sich selber multipliziert.

31 **8**

4^{44}

9

10^{-6}	≙ Millionstel	≙ Mikro
10^{-2}	≙ Hundertstel	≙ Zenti
10^2	≙ Hundert	≙ Hekto
10^6	≙ Million	≙ Mega
10^9	≙ Milliarde	≙ Giga

10

a)
$\boldsymbol{a^8 : a^4} = \boldsymbol{a^4}$
$(a^{-2})^3 = a^{-6}$
$(-a)^{-6} = a^6$
$-a^6 : (-a)^{-4} = -a^2$
$a \cdot a \cdot x \cdot 2a = 2a^3x$
$-3a^7 \cdot 5a^3 \cdot a = -15a^{11}$
$a^3 \cdot a^2 \cdot a^4 = a^9$
$a^7 \cdot a^{-3} = a^4$
$4a^{12} : 2a^3 = 2a^9$
$a^{-3} : a^{-4} = a^4$
$(a^4)^0 = 1$

h) 96,9244

7

a) ja, denn $2^3 > 2^1$
ja, denn $\left(\frac{1}{2}\right)^3 < \frac{1}{2}$
b) nein

8

9^{9999}

b) $4a^2 \cdot a^{-2} = 4$
$a^{16} \cdot a^5 \cdot a^{-1} = a^{20}$
$a^2 \cdot a^{\frac{1}{2}} = a$
$a^{20} \cdot a^{-1} \cdot a^{\frac{1}{2}} = a^{-10}$
$a^6 \cdot a^{\frac{1}{2}} = a^3$
$3a^2 \cdot 4a^{-9} = 12a^{-7}$

11
a) $2xy^4$
b) $2x^2y$
c) $5x^4$
d) $25x^6y^4 + y^4$
e) $\frac{y^{14}}{x}$
f) 3
g) $1\frac{1}{4}x^3$
h) $\frac{x^6}{y}$

12

x	8	9	18	23	25	3
x^2	64	81	324	529	625	9
x^3	512	729	5832	12167	15625	27

12

x	2,1	0,4	0	−14	−8,1	0,2
x^2	4,41	0,16	0	196	65,61	0,04
x^3	9,261	0,064	0	−2744	531,441	0,008

13
① Distributivgesetz
② Distributivgesetz

14
a) 11,18
b) 8,49
c) 2
d) 37,95

14
a) 34,37
b) −12
c) −3,10
d) 59,02

15
① Potenzen mit gleichen Exponenten
② s.o.

16
a) 10
b) 12
c) 14
d) 5

16
a) 21
b) 28
c) 30
d) 2

17
0 = 0, die Aussage ist wahr.

32 **18**
a) $A_1 = 2b \cdot 3a - 2ac$
$A_2 = 3a\,(2b - c)$
b) $A_1 = (x + 4) \cdot (3x + 7) - 7x$
$A_2 = 3x^2 + 8x + 28$

$U_1 = 6a + 4b$
$U_2 = 2\,(3a + 2b)$
$U_1 = 10x + 36$
$U_2 = 2\,(x + 4) + 2\,(3x + 7) + 2\,(x + 7)$

19
$(5a)^2 - (2b)^2$ (3. Binomische Formel)

19
a) $(x - 30)^2 = x^2 - 60x + 900$
b) 20 %

20
a) $a^2 + 20a + 100$
b) $b^2 - 14b + 49$
c) $25 - 10c + c^2$
d) $x^2 - 121$
e) $9z^2 - 30z + 25$
f) $y^2 - 0{,}25$

20
a) $49x^2 - 28x + 4$
b) $4x^2 - 4y^2$
c) $25x^2 + 70xy + 49y^2$
d) $x^2 - 64y^2$
e) $36e^2 - 84ef + 49f^2$
f) $81x^2 - 57{,}6x + 10{,}24$

21
a) $x^2 - x + 2$
b) $-2a^2 + 8a + 3$
c) $-y^2 + 3y + 13$

22
① Wahr, Kommutativgesetz
$(-b + a) = (a - b)$
② wahr, Kommutativgesetz
③ wahr, Kommutativgesetz
④ wahr, denn durch das setzen einer Klammer gilt: $-(a^2 - 1)$

22
a) $(x - 1) \cdot (x + 1) = x^2 - 1$
b) s.o., das Quadrat meiner Zahl ist stets das Produkt aus Vorgänger und Nachfolger minus 1.

Noch fit bei Basisaufgaben?

1
$O_Q = 700\text{cm}^2$

$O_W = 952{,}56\text{cm}^2$

2
$A = 9\text{cm}^2$

$U = 14{,}48\text{cm}$

Lineares und exponentielles Wachstum

37 Lineare Funktionen

Entdecken

1

a) 1,5h ≙ 24km; 30km ≙ 1,75h weitere Aussagen individuell

b) $s = 16\frac{km}{h} \cdot 1{,}5h = 24km$

$t = 30km : 16\frac{km}{h} = 1{,}875h$

c) Ja, denn die Klasse ist bis 12:00 Uhr 64m gefahren, Tom jedoch 65km.

d) $s_{Tom} = 20\frac{km}{h} \cdot 3{,}25h = 65km$

$s_{Klasse} = 16\frac{km}{h} \cdot 4h = 64km$

e) $y_{Tom} = 20x - 15$

$y_{Klasse} = 16x$

f) $20x - 15 = 16x$ ⇨ $x = 3{,}75h$

2

a) Der Graph steigt linear an.

b) S = 20t

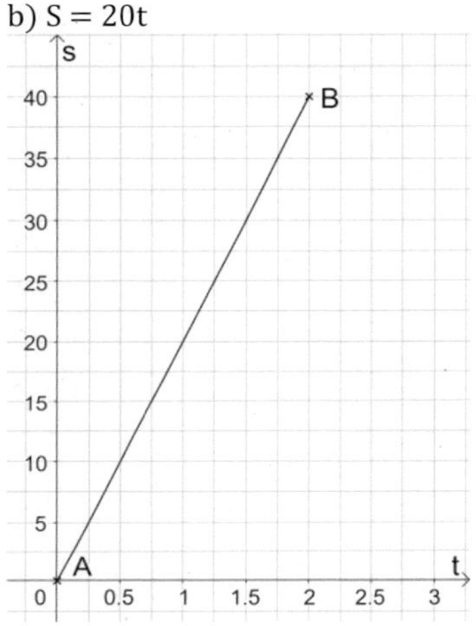

3

a) Gruppenarbeit

b) $s_{10b} = -16t + 80$

4

Gruppenarbeit

5

a) wahr

b) falsch, denn 2 Geraden sind bei gleicher Steigung parallel

c) falsch, denn es wird zusätzlich der Achsenabschnitt benötigt.

d) falsch, bei Geraden sie senkrecht aufeinander stehen gilt: $m = -\frac{1}{m'}$,

e) falsch, er hat die y-Koordinate 0

40 Üben und anwenden

1

y = 0,25x +1

2

a) P = 4000,-€

b) Wertverlust W = 1500,- €

c) $y = -500x + 4000$

1

a) a

b) y = 0,25x + 2

y = x

2

a) $B_a = 6h$ $B_b = 7{,}5h$

b) Stabkerzen, da die Höhe der Kerze linear abnimmt.

c) Kerze A: $y = -2{,}5x + 15$

Kerze B: $y = -2x + 15$

3

a) ② y = 0,4x + 6, denn Wachstum: 0,4cm und Kaufhöhe: 6cm

b)

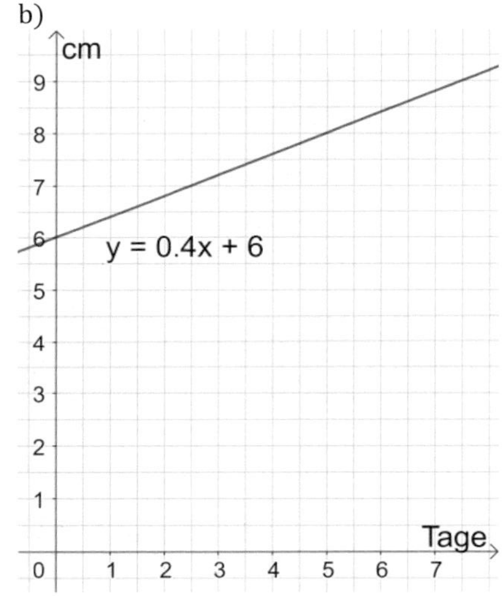

c) h= 10,8cm; t = 15 Tage

d) Gruppenarbeit

4

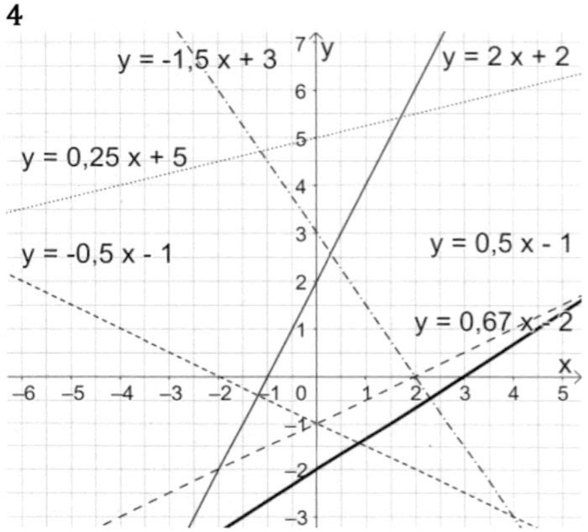

① y- Achsenabschnitt markieren
② Steigung in Funktionsgleichung ablesen
③ Steigungsdreieck eintragen
④ Gerade zeichnen

41 **5**

①d ②a ③c
④e ⑤ keine Gerade ⑥ b

6

$y = 3x - 2$

7

a) $y = x + 3$
b) $y = 2x - 1$
c) $y = x + 2$
d) $y = x + 3$
e) $y = -x$
f) $y = -2$

8

a) $y = x + 1$
b) $y = -x + 5$
c) $y = -\frac{3}{4}x + 6\frac{3}{4}$

4

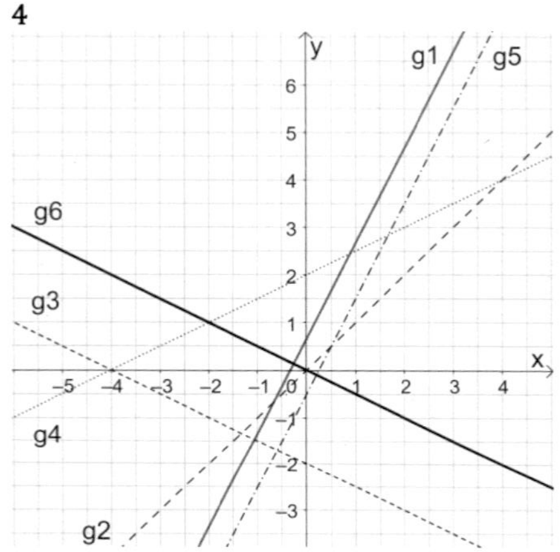

① y- Achsenabschnitt markieren
② Steigung in Funktionsgleichung ablesen
③ Steigungsdreieck eintragen
④ Gerade zeichnen

5

a) *a:* $y = \frac{1}{2}x + 1,5$
b: $y = 1$
c: $y = 2x$
d: $y = 2x - 1$
e: $y = -\frac{1}{4}x - 0,5$
b) individuell

6

$y = -x + 3$

7

a) $y = -2x + 2$
b) $y = 9x + 3$
c) $y = -1,5x + 3$
d) $y = -5x + 2,5$
t ist durch y-Koordinate bei x = 0 gegeben.

8

a) t= – 1
b) t= – 1
c) t= $-4\frac{5}{7}$

d) $y = 0,6x + 1,68$
e) $y = \frac{2}{3}x + 0,5$
f) $y = -2,5x + 23$

9

a) ① $m = -\frac{1}{2}$ ② $m = \frac{1}{2}$ ③ $m = -2$ ④ $m = \frac{1}{5}$
⑤ $m = 3$ ⑥ Parallele zur x-Achse ⑦ $m = \frac{5}{3}$
b) Parallele zur y-Achse
Gruppenarbeit

42 **10**

a) z.B.: $y = 4x + 2$
b)

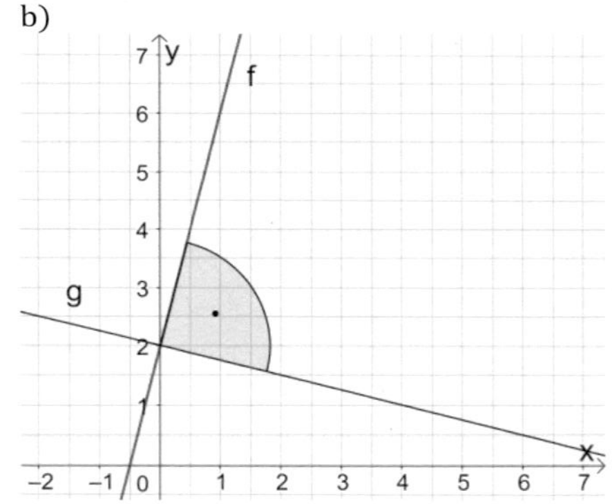

c) Gruppenarbeit

11

a) $y = 0,5x + 0,5$
b) $m = -0,5$
c) $y = -0,5x + 1$ Begründung individuell.

12

$y = -\frac{3}{4}x + 6,5$
a) $y = -\frac{3}{4}x + 4,5$
b) $y = \frac{3}{4}x + 3,5$

13

a) $y = 5$ b) $x = -1$
c) $y = -9$ d) $x = 2$

d) falsch, da t = –2
e) $m = -1,5$

12

$y = -0,67x + 2,67$
a) $y = -0,67x - 3,34$
b) $y = 1,5x + 12,5$

13

a) $y = 5$ b) $x = 14$
c) $y = 2\frac{1}{5}$ d) $x = 20$

14
a) $x = 1{,}5$
b) $x = -1{,}5$
c) $x = -4$
d) $x = -1{,}5$
e) $x = -0{,}8$

15
a) A (2|0) b) B (−2|0)
c) C (−4|0) d) D (−2|0)
e) Es existiert kein Schnittpunkt
f) F (−0,25|0)

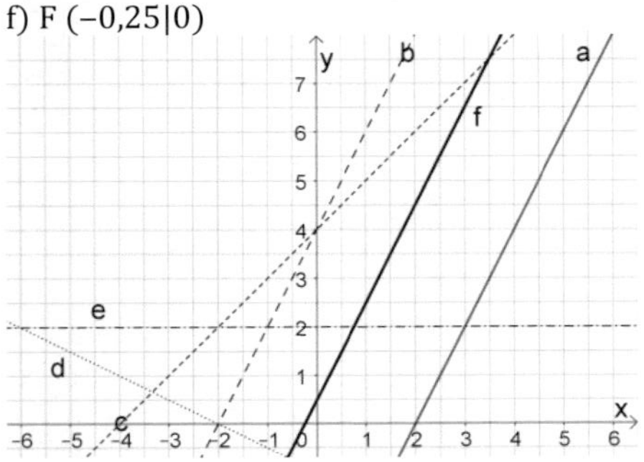

16
a) A (1|2) b) B (5|6)
c) C (2|−7) d) D (1|0,6)
e) E (2|1) f) F (6|−0,5)

15
a) A (1|0) b) B (0|0)
c) C (−1|0) d) D (2|0)
e) E (0,5|0) f) F (2|0)
g) alle Parallelen zur y-Achse

16
a) A (2|3) b) B (0|5)
c) C (3|−1) d) D (10|8)
e) kein Schnittpunkt
f) kein Schnittpunkt

17
a und b) Individuell und Gruppenarbeit
c) Die Gerade verlaufen senkrecht zueinander.
Es sind lineare Funktionen bei der Steigung 0 bzw. 100

43 **18**
Punkte P, S und T, denn beim Einsetzen der Koordinaten in die Funktionsgleichung ist die Aussage wahr.

18
Punkte Q, R und U, denn beim Einsetzen der Koordinaten in die Funktionsgleichung ist die Aussage wahr.

19
a) wahr
b) wahr bei $x = 2$
c) auf der Geraden: E (1|1)
über der Geraden (F (1|3), G (1|4)

19
a) falsch, denn $-1 \neq -2 \cdot 2 + 5$
b) $m = -1$
c) $t = 0$

20
a) $y = \frac{1}{5}x + 2{,}6$
b) $y = -5x$
c) $\frac{1}{5}x + 2{,}6 = -5x$ → $x = -0{,}5$
$y = -5 \cdot (-0{,}5) = 2{,}5$ → S (−0,5 | 2,5)

21
a) $y = -3x - 4$

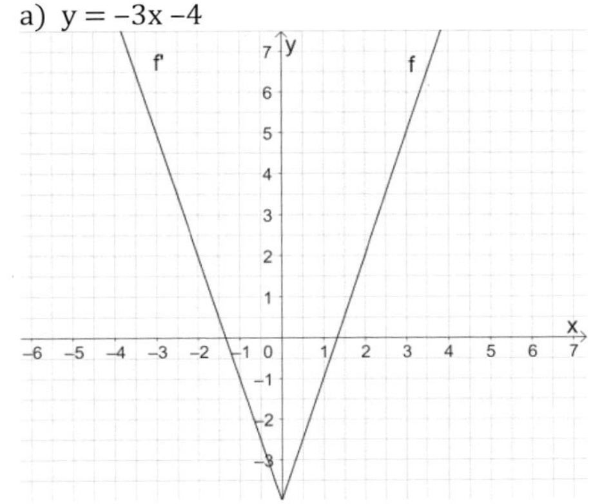

b) $y = 0{,}5x - 2$

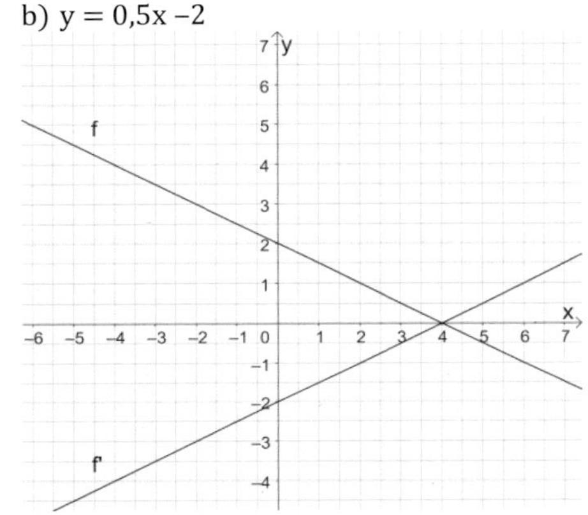

c)....gilt $m_s = -m$
....wird $m_s = -m$ und $t_s = -1$

22
f = 4,47cm
Die Ergebnisse sind identisch.

20
$y = -1{,}5x - 3$
a) P (−2|0)
b) $y = \frac{2}{3}x + 2\frac{2}{3}$; $P_2(-4|0)$
c) S (2,6| −6,9)

21
a) $y = -0{,}5x - 1{,}5$
b) eine Raute

22
Mit Hilfe des Satzes des Pythagoras

44

23

a) g_2: $y = 0{,}5x + 5$ g_3: $y = -2x + 5$

b)

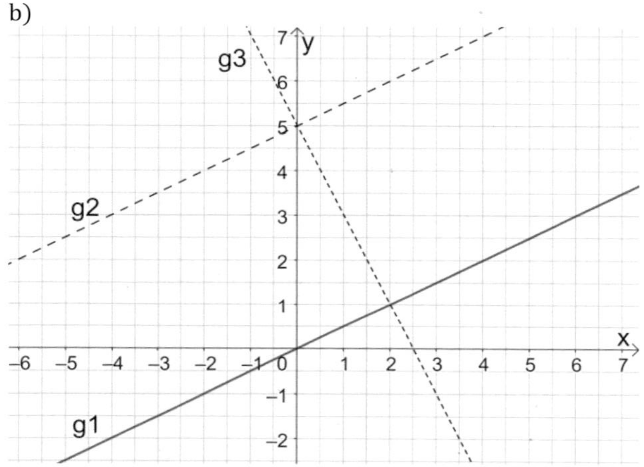

c) Abstand $\overline{g_1g_2} = 4{,}47$cm

24

a) $y = -\frac{1}{4}x$
b) $y = -x + 4$
c) $y = x$
d) $y = -2x + 3$
e) individuell

25

a) wahr
b) wahr
c) Ja, bei $t = -12$
d) wahr
e) falsch, denn parallel

26

a) Jan und Tim treffen sich um 9:45 Uhr.
b) Jan: $y = 0{,}5x$ Tim: $y = 1{,}5x - 7{,}5$

26

a) - Die Entfernung beträgt 60km
- Meike benötigt 6h, Jutta 4h
- Sie treffen sich nach 2,4 h bei km 36

b) Meike: $y = -x + 60$ Jutta: $y = 15x$
c) individuell

27

a) $y = 0{,}25x + 45$

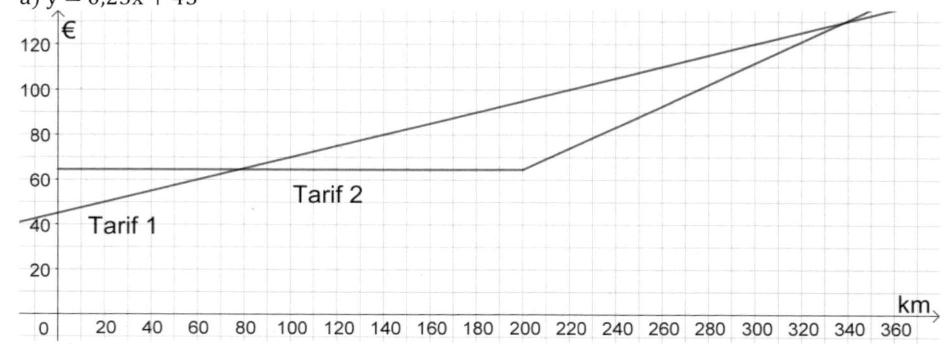

b) Tarif 1
c) $x < 80$ km und $x > 377$ km Schnittpunkte im Graphen ablesen.

Exponentielle Funktionen – exponentielle Zunahme

45

Entdecken

1

a) 1 Mrd. Menschen: 1800, Verdopplung: 1930 ≙ 130 Jahre
b) 3 Mrd.: 1965 4 Mrd.: 1985 5 Mrd.: 2000
6 Mrd.: 2010 7 Mrd.: 2015 8 Mrd.: 2021
Verdopplung 2 auf 4 Mrd.: 55 Jahre Verdopplung 3 auf 6 Mrd.: 45 Jahre
c) individuell
d) Gruppenarbeit

2

a) ja, exponentielles Wachstum
b)

Feld	1	2	3	4	5	6	7	8
Zahl	1	2	4	8	16	32	64	228
Potenz	2^0	2^1	2^2	2^3	2^4	2^5	2^6	2^7

c) Nein, sie potenziert sich mit dem Exponenten 2
d) $2^{14} \triangleq 2^{Feldanzahl-1}$

e)

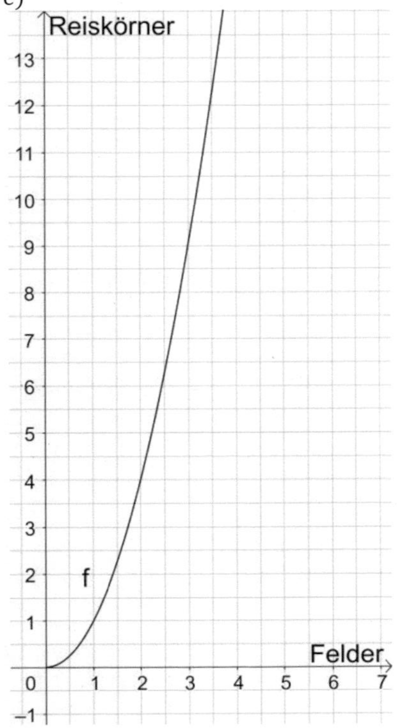

Schwierigkeiten: Kurve und Werte steigen exponentiell

3

a) Alle 20 Minuten verdoppelt sich die Anzahl der Salmonellen.
b) t = 80 Minuten
c)

Anzahl	90	180	360	720	1440	2880	5760
Zeit	0	20	40	60	80	100	120

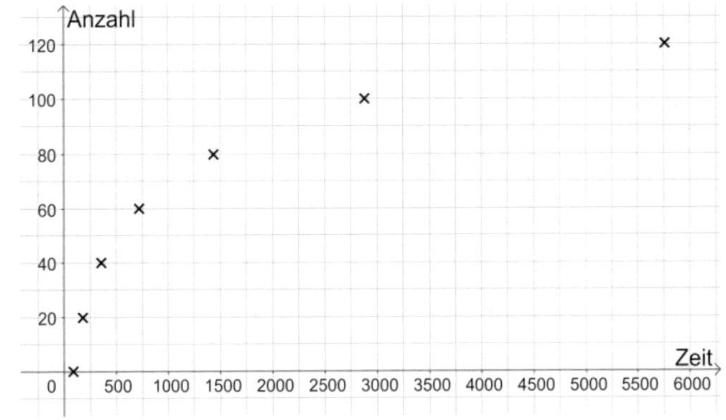

d) Gruppenarbeit: nein.

47 Üben und anwenden

1

a) 160
b) exponentielles Wachstum

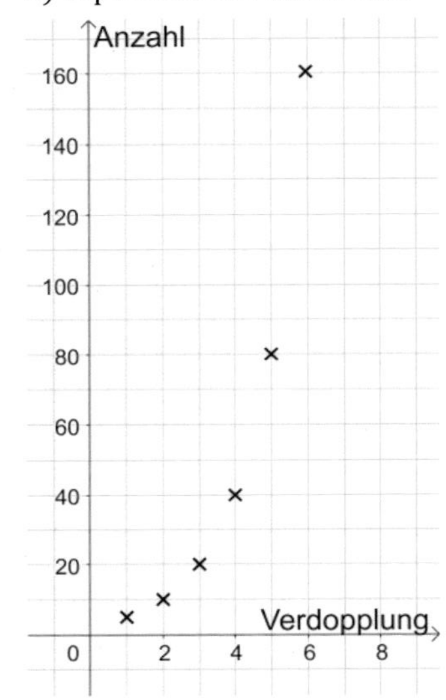

1

a) 6
b) exponentielles Wachstum

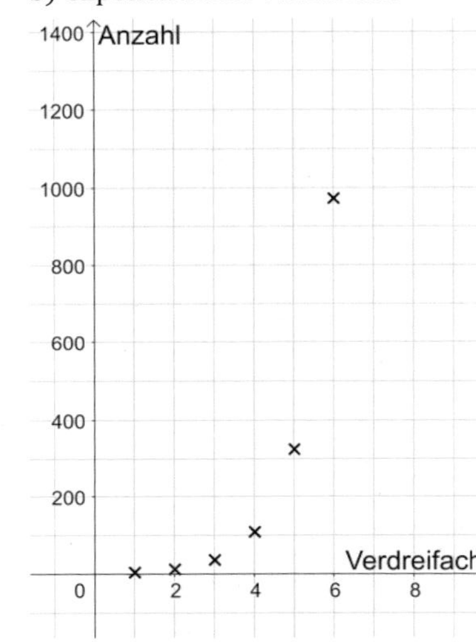

2

Zeit	0	1	2	3	4
Verdienst	2200	2266	2333,98	2404	2504

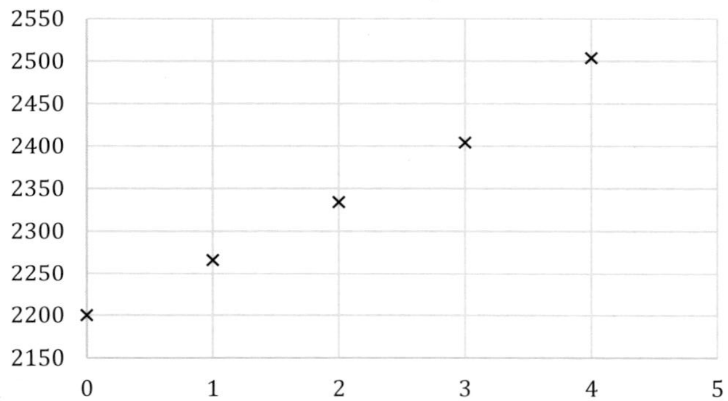

3
a) 10 Stunden
b) Nr. 2

3
a) 2 h: 256 000 2,5 h: 512 000
b) 1000
c)

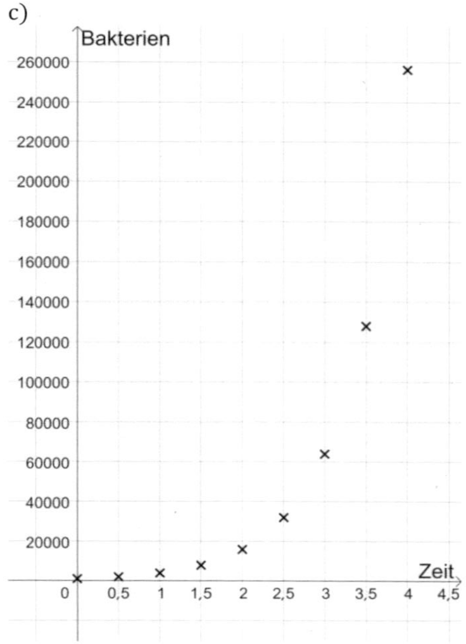

d)

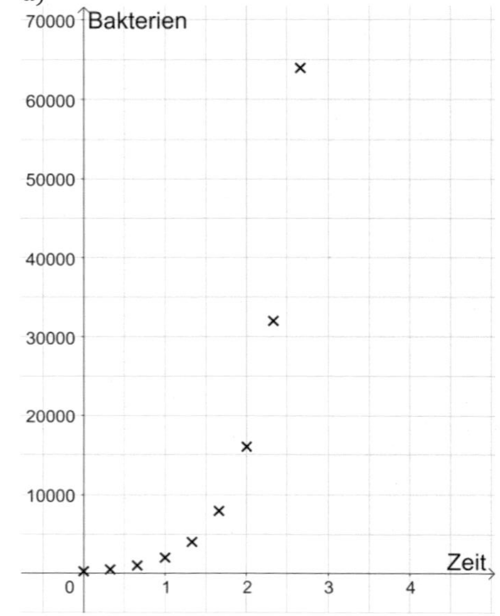

4
a) q = 1,05 b) q = 1,12
c) q = 1,0075 d) p = 90%
e) p = 20% f) p = 7,5%

5
a) falsch, linear
b) falsch, unterschiedliche Faktoren

4
a) q = 1,03 b) p = 50%
c) q = 1,54 d) p = 2,5%
e) q = 1,07 f) p = 91%
g) p = 100% h) q = 3

5
a) wahr
b) falsch, unterschiedliche Faktoren

48 **1**
a) individuell
b) Elza

Monate	0	1	2	3	4	5
€	300	375	450	525	600	675

Onur

Monate	0	1	2	3	4	5
€	300	330	363	399,3	439,23	483,15

c) Elza: gleichmäßige Zunahme in jedem Monat
Onur: Zunahme vergrößert sich monatlich

d) Elza: $y = 75x + 300$ Onur: $W_n = 300 \cdot 1{,}1^n$
e) Gruppenarbeit
f) individuell

Üben und anwenden

1
a) exponentielles Wachstum, $q > 1$
b) lineares Wachstum, $q = 1$
c) lineares Wachstum, $q = 1$
d) exponentielles Wachstum, $q > 1$
e) lineares Wachstum, $q = 1$
f) exponentielles Wachstum, $q > 1$
g) lineares Wachstum, $q = 1$
h) exponentielles Wachstum, $q > 1$

2
Gruppenarbeit

49 **3**
Fall ①: $W_n = 3000,\text{-€} \cdot 1{,}015^n$

4
a) ① Startwert ablesen: 3050,-€
b) $q > 1$

5
a) 300 m^2
b) 13 Wochen
c) $q = 1{,}4$
d) $A = 0{,}1 m^2$

6
a)

Zeit	0	1	2	3
Bakterien	200	300	450	675

4
a) Nein, denn das Wachstum fällt zwischen 2016 und 2017
b) individuell

5
a) $q = 1{,}4$ $W_0 = 10$
b) $q > 1$
c) 16 Wochen ≙ 2177,95 m^2
20 Wochen ≙ 8366,82 m^2

6
a)

Zeit	0	0,5	1
Bakterien	480	774,2	1248,7

Zeit	4	5	6
Bakterien	1012,5	1518,75	2278,1

Zeit	7	8
Bakterien	3417,2	5125,8

b)

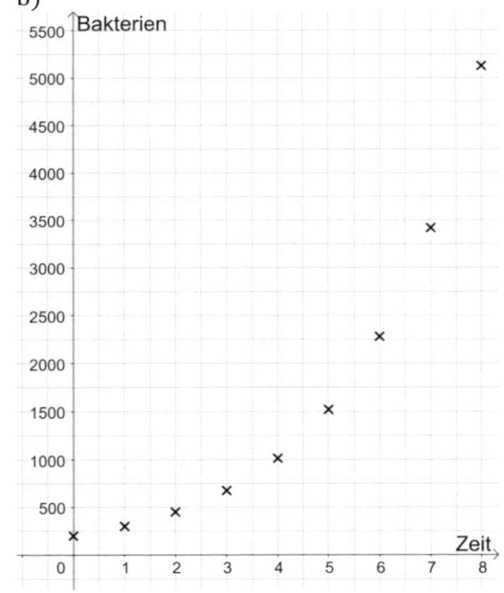

c) $q = 1{,}5$
d) $W_{24} = 1{,}917 \cdot 10^{43}$
e)

Zeit	− 1	− 2	− 3
Bakterien	133,33	88,89	59,26

Zeit	1	2	2,5
Bakterien	2014,0	3248,4	5239,4

Zeit	3	3,5	4
Bakterien	8450,7	13630,1	21984,1

Zeit	4,5	5
Bakterien	35458,2	57190,6

b)

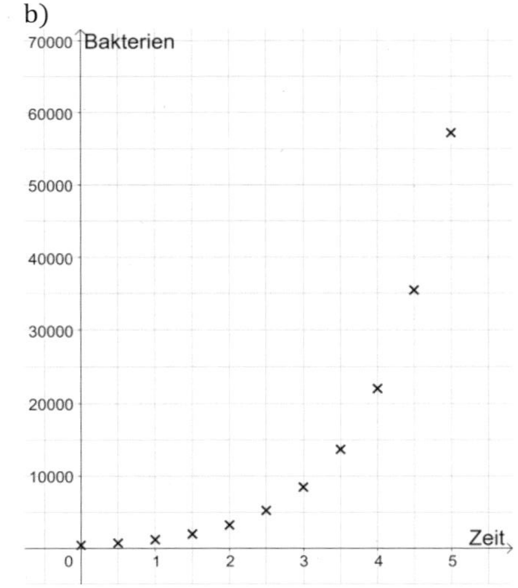

c) $W_{10} = 4{,}73 \cdot 10^{20}$
d) 1 h ≙ 296,30 Bakterien
2 h ≙ 182,9 Bakterien

Exponentialfunktionen – exponentielle Abnahme

50 Entdecken

1

a)

Zeit	0	1	2	3	4	5
Temperatur	90	81	72,9	65,6	59,0	53,1

b) individuell
z.B. Ich habe 10% von 90° C berechnet. Dann habe ich diese 9° C Differenz von 90° C abgezogen und erhielt 81° C. Usw.

c)

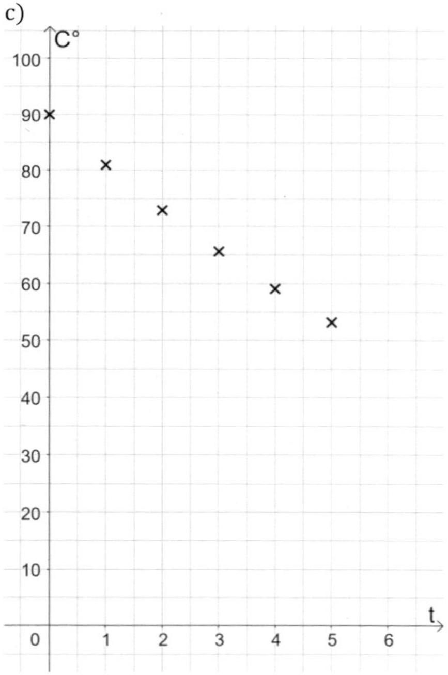

d) Gruppenarbeit

Stunde	0	1	2	3	4	5	6	7	8
Temperatur	20	18	16	14	12	10	8	6	4

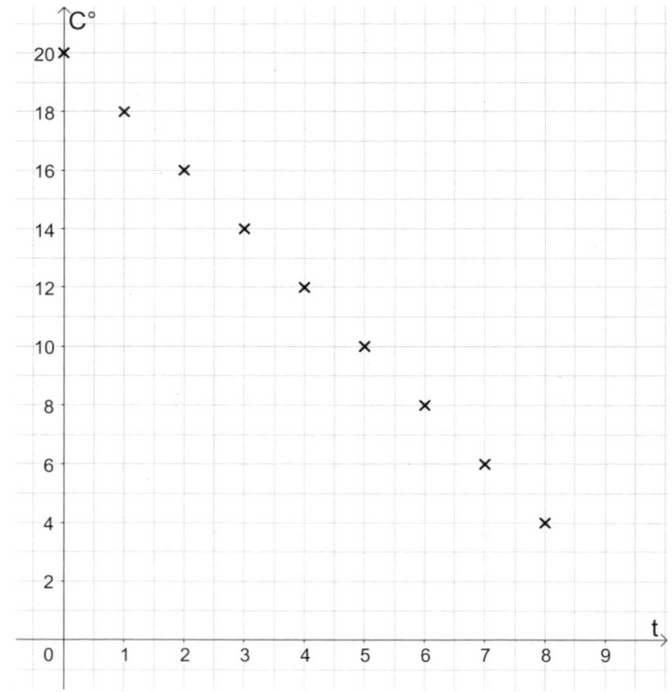

51 Üben und anwenden

1

a) q = 0
,98 b) q = 0,9875
c) p = 5% d) p = 10 %

2

a) Z = 0,09375
b)

1

a) q = 0,99875 b) p = 9,5%
c) p = 12,5% d) q = 0,8695

2

a) 32 Schichten
b) b = 5,2 cm
c) A = 19,2 cm^2
d) zu a: linear steigende Funktion; q = 1
zu b: exponentielle Abnahme; q < 1
zu c: kein Wachstum

c) Exponentielle Abnahme: q ist stets identisch
d) Gruppenarbeit

3

a) <u>rot</u>: Lineare Funktion; $m = -\frac{2}{3}$, $t = 30$
<u>blau</u>: Exponentielle Abnahme; $W_0 = 30$, $W_5 = 0$
b) <u>rot</u>: Negatives Wachstum; $m = -\frac{2}{3}$
<u>blau</u>: Exponentielle Abnahme; $W_5 = 0$
b) individuell

4

a) $W_n = 100 \cdot 0{,}8^n$
b)

Meter	0	1	2	3
Licht-intensität	100	80	64	51,2

Meter	4	5	6	7
Licht-intensität	41	32,8	26,2	21

Meter	8	9	10
Licht-intensität	16,8	13,4	10,7

4

a) $W_{2024} = 300\,682{,}79$ €

c)

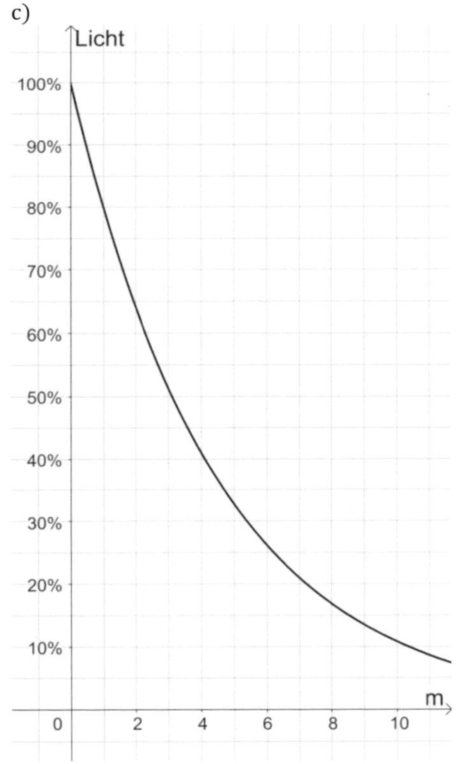

Die Kurve geht gegen 0.

5

$W_2 = 37{,}5$g $W_3 = 18{,}75$g

6

$W_{15} = 0{,}1625$kg $W_{18} = 0{,}1072$kg

b)

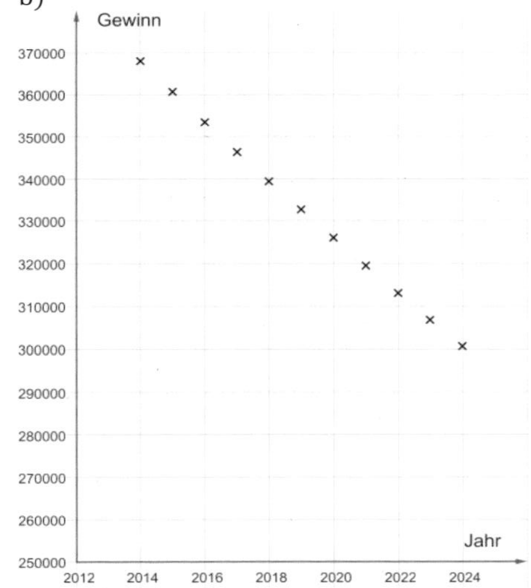

5

$W_{10} = 0{,}56$g $W_{25} = 0{,}17$g

6

$W_{25} = 210{,}22$mg $W_{32} = 164{,}94$mg

Mit Wachstumsfaktoren rechnen

52 Entdecken

Die Aufgaben verstehen

a) ① exponentielles Wachstum, Abnahme
② lineares Wachstum, Zunahme
③ exponentielles Wachstum, Abnahme

④ exponentielles Wachstum, Zunahme
⑤ exponentielles Wachstum, Zunahme
b) Prozentsatz, Summanden, Faktor q, p
c) <u>Lineare Veränderung:</u> gleiche Veränderung pro Einheit
<u>Exponentielle Veränderung:</u> gleiche prozentuale Veränderung pro Einheit
<u>Zunahme:</u> steigt, verdoppelt, wächst, etc.
<u>Abnahme:</u> sinkt, verliert, etc.

Ein Modell erstellen
a) vgl. S. 46, Gruppenarbeit
b) ① $W_0 = 15$ Mio. Einwohner, $p = 3\%$, $q = 0,97$, $n = 1$ Jahr
③ $W_0 = 110$kg, $p = 2\%$, $q = 0,98$, $n = 1$ Woche
④ $W_0 = 100$ Bakterien, $p = 100\%$, $q = 2$, $n = 30$ Minuten
⑤ $W_0 = 5000$,-€, $p = 2\%$, $q = 1,02$, $n = 1$ Jahr

Mathematik anwenden
a) $W_0 = 100$ Bakterien, $q = 2$, Frequenz: 30 Minuten, ges: W_n nach Gesamtzeit
b)

Zeit	0	0,5	1	1,5	2	2,5	3
Bakterien	100	200	400	800	1600	3200	6400

Verwendung einer Wertetabelle, da kein Zeitraum vorgegeben ist.
c) $n = 8$ Jahre

Das Ergebnis prüfen und erklären
a) W_0 ist gesucht
b) $W_0 = 4528,65$€
c) Partnerarbeit

54 Üben und anwenden

1

p	+ 5%	+ 0,5%	+ 50%	- 50%	- 5%	- 0,5 %	-5,5%	+ 5,5%	+200%
q	1,05	1,005	1,5	0,5	0,95	0,995	0,945	1,055	3

2
a) $W_0 = 800$ b) $W_0 = 5931,88$

3
a) $q = 1,26$; $p = 26\%$
b) $q = 0,8$; $p = -20\%$

4
a) $n = 15$
b) $n = 20,12$

2
a) $W_0 = 3180$ b) $W_0 = 4100,52$
c) $W_0 = 5713,78$

3
a) $p = 33\%$ b) $W_0 = 2000$
c) $p = -10\%$

4
a) $n = 10$ b) $p = -15\%$
c) $n = 8$

5
a) $W_n = 1900 \cdot 1,046^n$
b) nach 4 Jahren

5
a)

Monat	0	1	2	3
Schad-stoff	200	170	144,5	122,8

Monat	4	5	6	7
Schad-stoff	104,4	88,7	75,43	64,12

Monat	8	9	10	11	12
Schad-stoff	54,5	46,3	39,4	33,5	28,5

b) $n = 9$ Monate

6
a) $W_0 = 3438$ Geräte b) $p = 10\%$ c) $\geqq 2031$

7
a) <u>2000</u>
Indien: 900 Mio Menschen
China: 1200 Mio Menschen

<u>2050</u>
3200 Mio Menschen
2500 Mio Menschen

b) Indien: $q = 1,026$ China: $q = 1,01$
c) $n = 28$ Jahre

56 Üben und anwenden

1

Grundaufgaben mit der Wachstumsformel	Grundaufgaben mit der Zinsformel
Endwert W_n berechnen	Endkapital K_n berechnen
Berechnung des Beobachtungszeitraumes	Anzahl der Zinsjahre berechnen
Startwert W_0 berechnen	Startwert K_0 berechnen
Wachstumsrate p berechnen	Zinssatz p berechnen

2
① Berechnung $q = p + 1$
② Zahlen in die Formel $K_n = K_0 \cdot q^n$ einsetzen und auflösen.

3
a) $K_0 = 2287,01$ €
b) $K_0 = 599,65$ €
c) $K_0 = 2057,61$ €

2
① Zahlen in die Formel $K_n = K_0 \cdot q^n$ einsetzen und q berechnen.
② Berechnung $p = q - 1$ ergibt den Zinssatz.

3
a) $p = 3,75\%$
b) $p = 6,7\%$
c) $p = 5,25\%$

4
a) n = 4 Jahre
b) n = 1,76 Jahre

5
a) $K_0 = 400$ €
b) $K_4 = 430{,}91$ €
c) Exponentielles Wachstum, da die Wachstumsrate in jedem Jahr identisch ist.

4
a) n = 15 Jahre
b) n = 5 Jahre

5
a) p = 1,2% $K_8 = 66007{,}81$ €
b) n < 1

6
a)

Lohn	2020	2021	2022	2023	2024	2025	2026	2027
Kaufkraft	2250,00	2218,50	2187,44	2156,82	2126,62	2096,85	2067,49	2038,55

b)

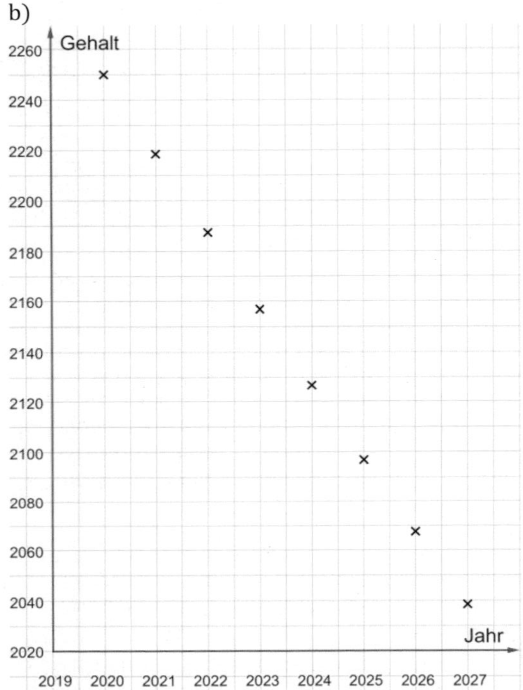

c) $K_n = 2250{,}00 \text{ €} \cdot 0{,}986^9 = 1981{,}87 \text{ €}$

57 Üben und anwenden

1
Vgl. Buch

2
a) t = 26 Tage
b) 30% ≙ 131 000 Menschen; 120 ≙ 28485 Erkrankten; 5% ≙ 216 Menschen; 80 ≙ 18990 Erkrankten; 18% ≙ 7169 Menschen; 200 ≙ 47475 Erkrankten
c) Die Prognose ist gleich, da die Einwohnerzahl nicht mitberechnet wurde
d)

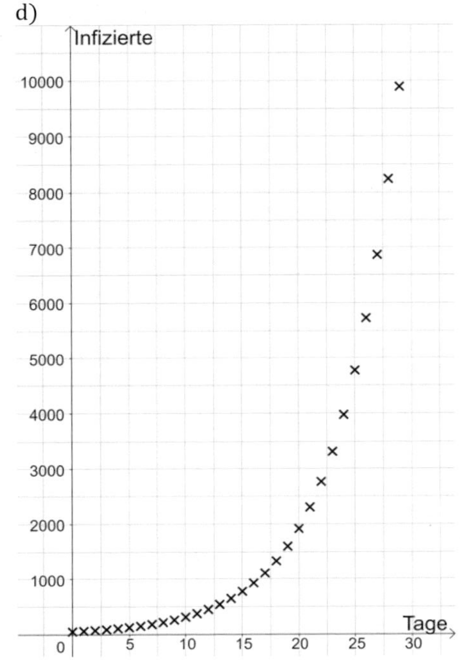

Vermischte Übungen

60 Vermischte Übungen

1
a) Tag 1: Das Fieber steigt bis 12:00 Uhr linear von 37,4° auf 39,8°C an. Von 12:00 Uhr bis 18:00 Uhr sinkt das Fieber linear bis auf 19,3°C. Von 18:00 Uhr bis 24:00 Uhr steigt es linear auf 40,0°C.
Tag 2: Das Fieber sinkt bis 5:00 Uhr linear auf 37,9°C. Bis 12:00 Uhr steigt die Temperatur auf 38,3°C. Bis 22:00 Uhr sinkt die Temperatur linear auf 38,0°C. Anschließend steigt sie wieder.

2

a) 2018: Anstieg um 40 Einwohner
2019: Anstieg um 40 Einwohner
2020: Anstieg um 40 Einwohner
2021: Anstieg um 40 Einwohner

b) wahr

c) lineares Wachstum

3

a) Lineares Wachstum: In jedem Wachstumszeitraum ist die Steigung identisch. exponentielles Wachstum: In jedem Wachstumszeitraum ist der Wachstumsfaktor q identisch.

b)

	Zeit	0	1	2	3	4
①	Anzahl	1	4	16	64	256
②	Anzahl	1	14	27	40	53
③	Anzahl	5	10	20	40	80
④	Anzahl	2	52	102	152	202
⑤	Anzahl	0,4	1,2	3,6	10,8	32,4

① Linear: · 4
② Linear: + 13
③ Linear: · 2
④ Linear: + 50
⑤ Linear: · 3

c) individuell

4

a) $y = 5x - 1$ b) $y = -2x + 11$
c) $y = 3x - 11$ d) $y = 3x + 5$

61 **5**

a) P: ja Q: nein R: ja

b) A (−2| 22); B (7| 4);
C (−3| 12); D (3,5| 11)

c) $y = \frac{1}{2}x + 18$, da $m_1 = -\frac{1}{m2}$

d) keinen, da $m_1 = m_2$

2

a) 2018: Anstieg um 13,-€
2019: Anstieg um 29,-€
2020: Anstieg um 45,-€
2021: Anstieg um 23,-€

b) unregelmäßiges Wachstum, da
q (2019 – 2020) > q (2020 – 2021)

3

a) W_0 = 170,32 Fliegen
W_{25} = 764,82 Fliegen
p = 6,2%
n_{doppel} = 11,5 Tage

b) W_0 = 150 Fliegen
W_{25} = 600 Fliegen
z = 18 Fliegen
n_{doppel} = 8,3 Tage

c) individuell

4

a) $y = 4x + 3$ b) $y = \frac{2}{3}x - 3$

c) $y = 0{,}3x + 5{,}6$

5

a) $4 = (-2) \cdot 2 - 2 \Rightarrow -4 \neq -6$

b) $m = -1$

c) $t = 0$

6

a)

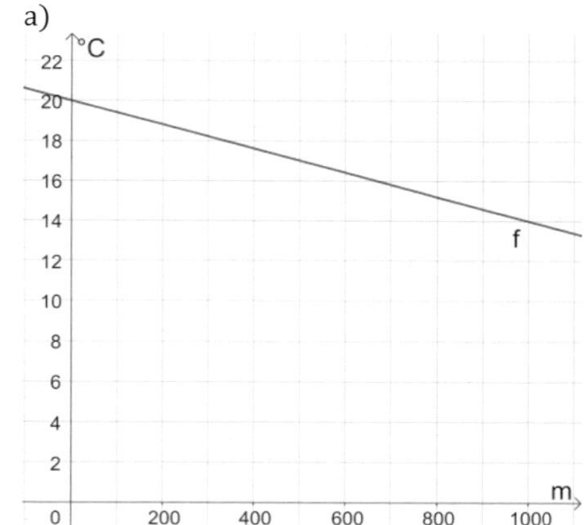

b) Negativ lineares Wachstum: Die Temperatur sinkt in jedem Abschnitt um den gleichen Faktor.

c) $y = -0{,}006x + 20$

d) x = 11,8° C

d)

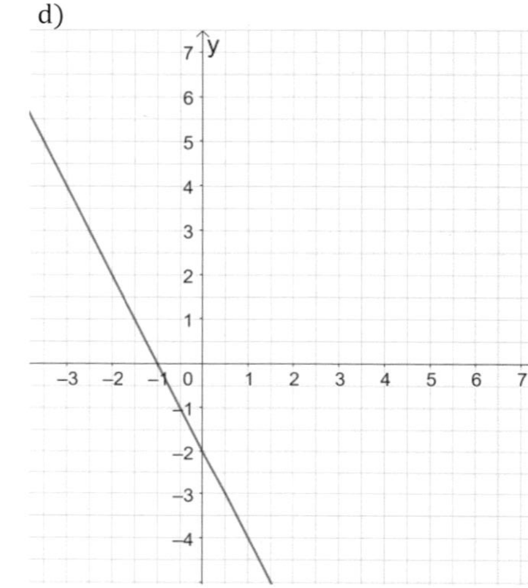

Nein, da der Achsenabschnitt und die Steigung gleichzeitig negativ sind.

6

a)

Jahr	Menge an Cäsium −137
1986	2000 kg
2016	1000 kg
2046	500 kg
2076	250 kg
2106	125 kg

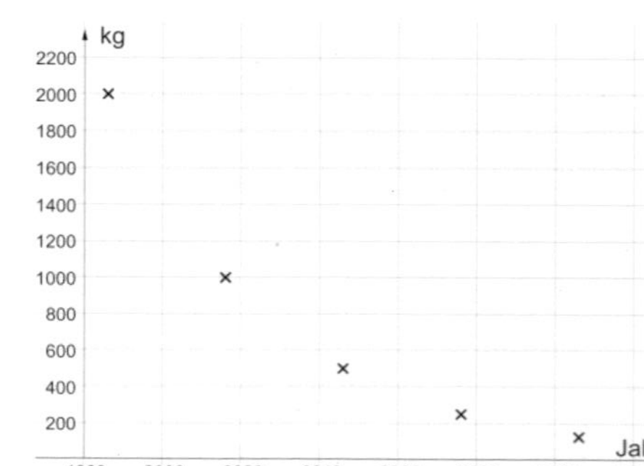

b) t = 50206

7
a) $W_{20} = 2,69$ Mio km²
b) $W_{40} = 1,91$ Mio km²

7
$n = 14,51$h

62 **8**
$W_8 = 194,19$°C

8
$n = 13,29$ Wochen

9
$n = 5,6$ Jahre

9
a) $W_n = 6,59$cm
b) $t = 2,2$ Minuten

10
a) $K_n = K_0 \; q^n \Rightarrow \frac{K_n}{q^n} = K_0$
b) $K_n = K_0 \; q^n \Rightarrow \frac{K_n}{K_0} = q^n \Rightarrow q = \sqrt[n]{\frac{K_n}{K_0}}$

11
a) $K_n = 670,08$ €
b) $K_n = 14058,61$ €
c) $p = 8,01\%$
d) $p = 1,61$ %
e) $K_0 = 363,40$ €
f) $K_0 = 9999,99$€

12
$K_0 = 675,56$ €

13
a) falsch: exponentielles Wachstum
b) wahr
c) falsch, es verdoppeln sich die Zinsen.

14
a) Entwickung K_0 durch die Verdopplung des Zinssatzes von 4% auf 8%.
b) $K_0 = 1000$,- €
c) K_5 bei 4%: 1220,-€ K_5 bei 8%: 1480,-€
K_{10} bei 4%: 1480,-€ K_{10} bei 8%: 2120,-€
d) $n = 6,69$ Jahre
e) $n = 9$ Jahre
f) falsch: Da es sich um exponentielles Wachstum handelt liegen die Punkte auf Kurven.

63 **15**
a) $K_{20} = 19230,56$ €
b) $K_{20} = 9811,72$ €
c) Differenz a = 4230,56 €
Differenz b = 5199,23 €
Heute, da der Verlust durch die Inflation höher ist als der Zinsertrag.

15
a) $K_{20} = 32768,35$ €
b) $K_{20} = 23614,24$. Durch die jährlichen Einzahlungen wird die Inflation ausgeglichen.

16
a) $W_n = 4 \cdot 0,8^n$
b) $W_3 = 2,048$ m $W_7 = 0,839$ m $W_{10} = 0,429$ m
c) $n = 12$
d) $W_0 = 3,5$ m
e) Nein, da es sich um exponentielles Wachstum handelt.

17
a)

Seitenlänge	1	2	3	4	5	6	7	8	9	10	11	12
Flächeninhalt	1	4	9	16	25	36	49	64	81	100	121	144

b) nicht linear: Kein Wachstum um jeweils denselben Wert.
nicht exponentiell: Keinen einheitlichen Prozentwert p

Noch fit bei Basisaufgaben?

1
Nur das Dreieck ABE ist rechtwinklig.

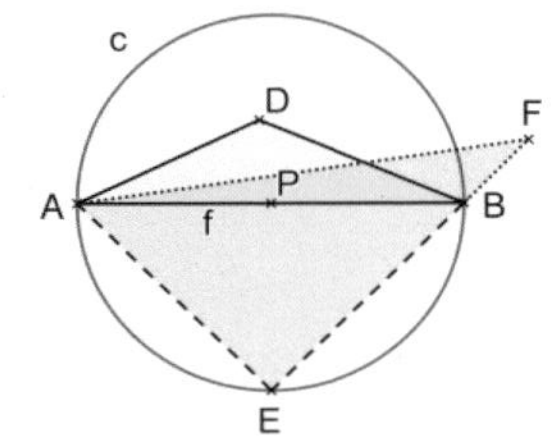

2
a) $A = 10,39$ m²
b) $V = 603,19$ l

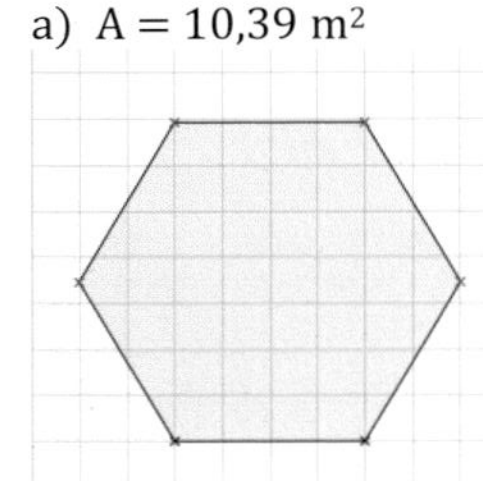

3
$V = 753,98$ ml

Strategien: Lässt du dich beeinflussen?

64 **1**
a) individuell
b) ①, da die Veränderung dargestellt wird.
c) individuell
d) Gruppenarbeit

2
a) ②, da dynamische Veränderung der y-Achse
b) individuell

65 **3**
a) $W_n = 100 \cdot \mathbf{1{,}03^n}$
b) individuell
c) Gruppenarbeit

4
a) Die y-Achse beginnt bei 32 000.
b) Die Arbeitslosenzahlen scheinen stark zu fallen.
Begründungen z.B. Beruhigung der Bevölkerung, Image der Arbeitsagentur

5
- Beim ersten Diagramm beginnt die y-Achse mit 59.
- Beim ersten Diagramm ist der Maßstab der y-Achse feiner gewählt.

6
Der Maßstab ist in Woche 2 feiner gewählt, als in Diagramm 1. So ist der Zustand des Standes weiterhin desolat.

66 **7**
a) Um 10:00 Uhr sind die meisten Erwerbstätigen bei der Arbeit. So lässt das Diagramm die Vermutung entstehen, in der Wohnsiedlung wohnen 83% erwerbslose Menschen.
b) individuell

8
a) - 2% der Schüler wurden befragt.
- mündliche Befragung
- Darstellung
b) - Mindestens 10% der Schüler*innen befragen
- Schriftliche Befragung
- Säulendiagramm

9
a)

38	42	43	44	45	46	47	48	49	51	52
|	|||	||	|||||||	|	||||||	|||	|||||	|||	||	||

b)

Größe	38	42	43	44	45	46	47	48	49	51	52
Absolute Häufigkeit	1	3	2	7	1	6	3	5	3	2	2
Relative Häufigkeit	$\frac{1}{35}$	$\frac{3}{35}$	$\frac{2}{35}$	$\frac{7}{35}$	$\frac{1}{35}$	$\frac{6}{35}$	$\frac{3}{35}$	$\frac{5}{35}$	$\frac{3}{35}$	$\frac{2}{35}$	$\frac{2}{35}$

c)

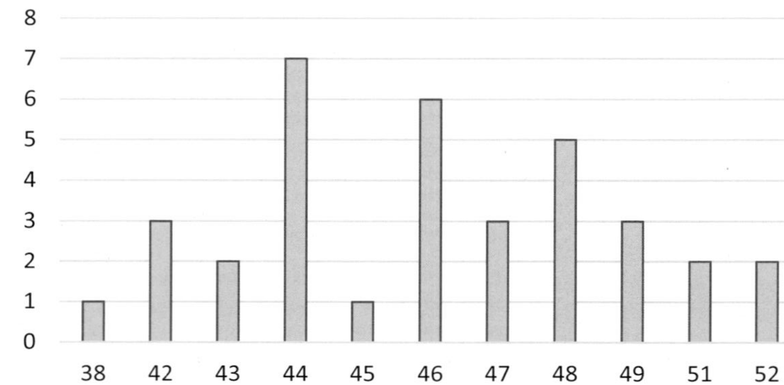

d) individuell
e) individuell

8
a) Keine Einschränkung, da Menschen mit einer Sehschwäche ihre Brille bei Regenwetter tragen.
b) Falsch, da das Tragen eines Fanartikels verallgemeinert wird.
c) Falsch, da die Altersgruppe nicht repräsentativ ist.

Ähnliche Figuren

Geometrische Figuren vergrößern und verkleinern

71 Entdecken

1
a) vgl. Buch
b) individuell
c) individuell
d) Gruppenarbeit
e) Gruppenarbeit

2
a) Näher zur Lichtquelle: Vergrößerung
Weiter von der Lichtquelle entfernt: Verkleinerung
b) Auf die Wand zu: Verkleinerung
Von der Wand entfernt: Vergrößerung
c) Gruppenarbeit
d) individuell

3
a) Zeichnung rechts

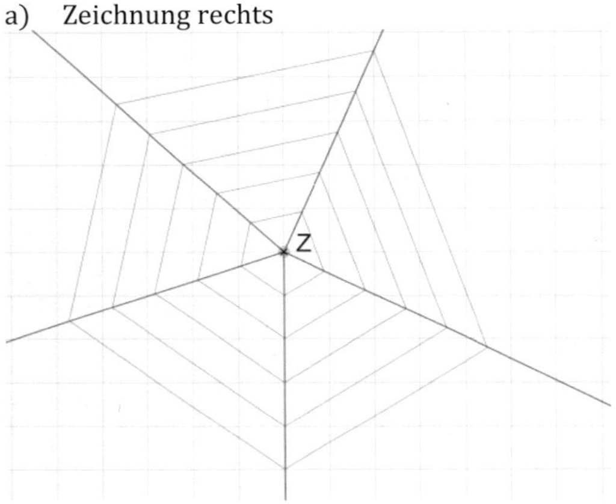

b) Spinnennetz

Eigenschaften: - Parallele zwischen Strahlen

- Parallele Strecken werden nach außen länger.
- Zentrum

73 Üben und anwenden

1
a), b), c)

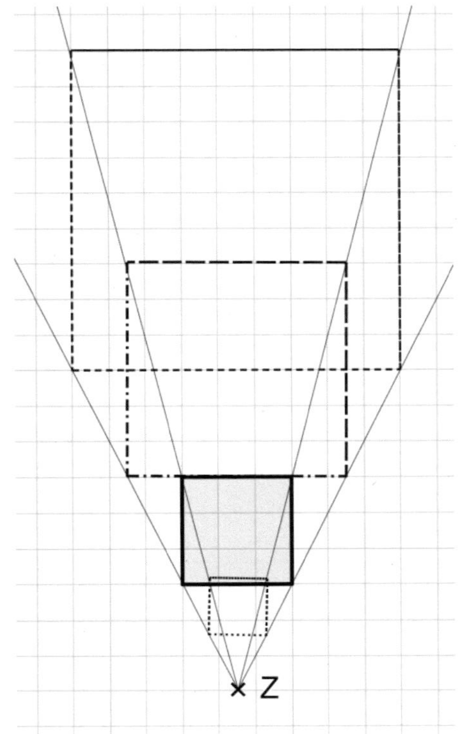

2
a) $k = 2$

1
a), b), c)

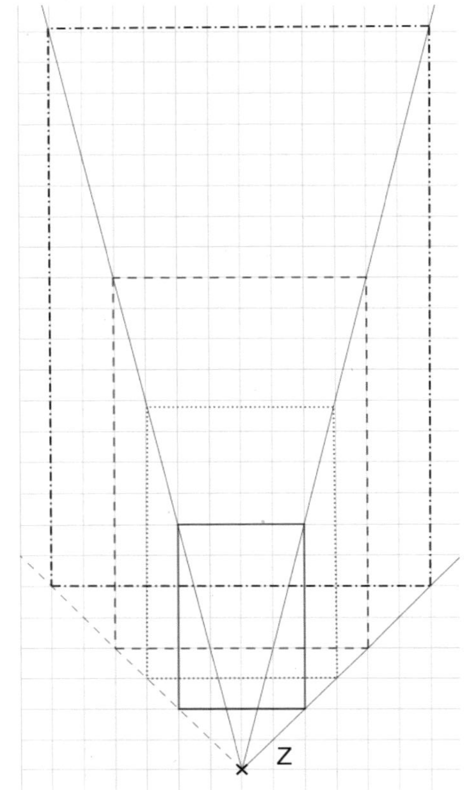

2
a) $k_1 = 2$; $k_2 = 0,5$
b) $k_1 = 1,43$; $k_2 = 0,7$
c) $k_1 = 1,5$; $k_2 = 0,5$
d) $k_1 = 2$; $k_2 = 0,5$

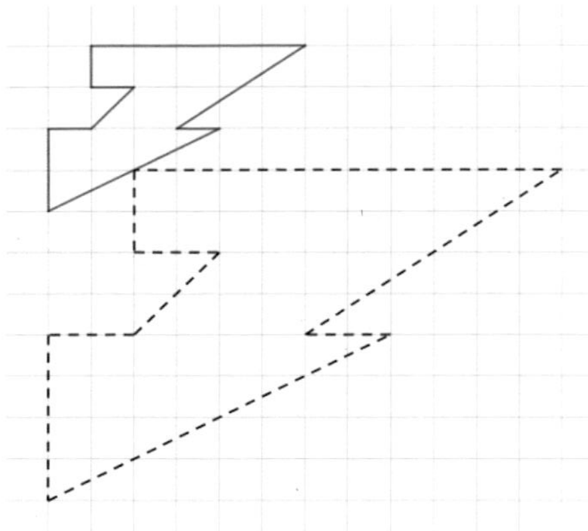

b) k = 0,5

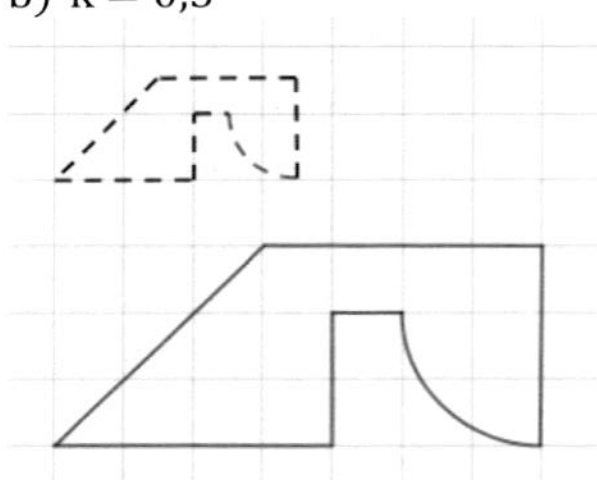

3

	a	c	h
	15 cm	9 cm	5 cm
k = 6	90 cm	54 cm	30 cm
k = 0,5	7,5 cm	4,5 cm	2,5 cm

4

vergrößert: 224 cm · 160 cm
verkleinert: 37,33 cm · 26,67 cm

5

Die Kathete1 wurde um k = 0,5 verkleinert, die Kathete 2 jedoch um k= 0,67

3

	a	c	h	α
	12 cm	5 cm	4 cm	53,1
k = 6	72 cm	30 cm	24 cm	53,1
k = 0,7	8,4 cm	3,5 cm	2,8 cm	53,1

4

9 x 13: nein
13 x 18: nein
50 x 75: ja
10 x 15: ja
30 x 45: ja

5

Ja,
Begründung: Alle entsprechenden Seitenlängen haben das Verhältnis k = 0,5 und alle entsprechenden Winkel sind identisch.

74 **6**

Ⓑ Ⓔ Ⓐ Ⓒ Ⓕ Ⓖ Ⓓ

7

a)

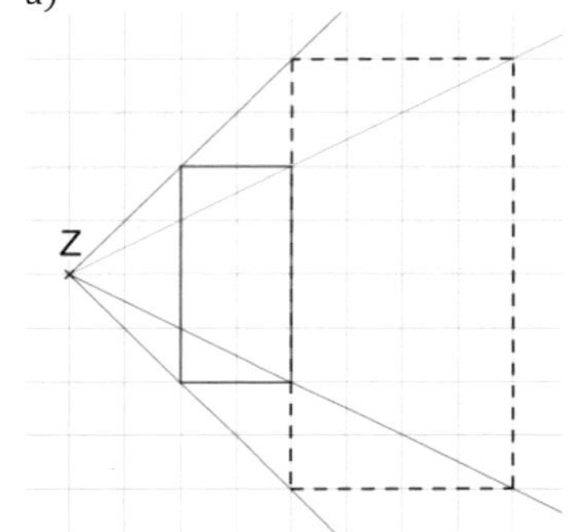

b)

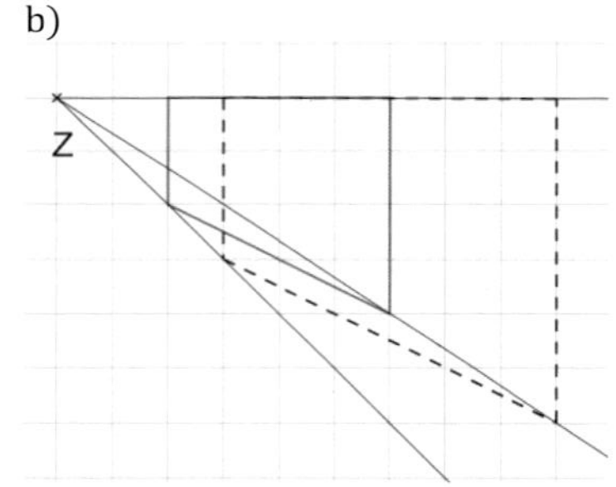

c)

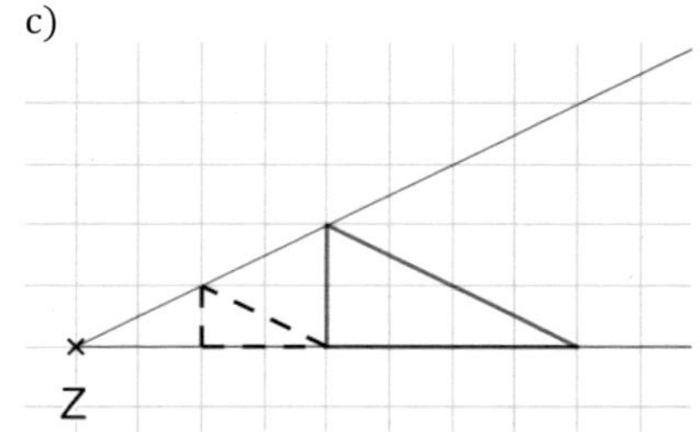

7

a)

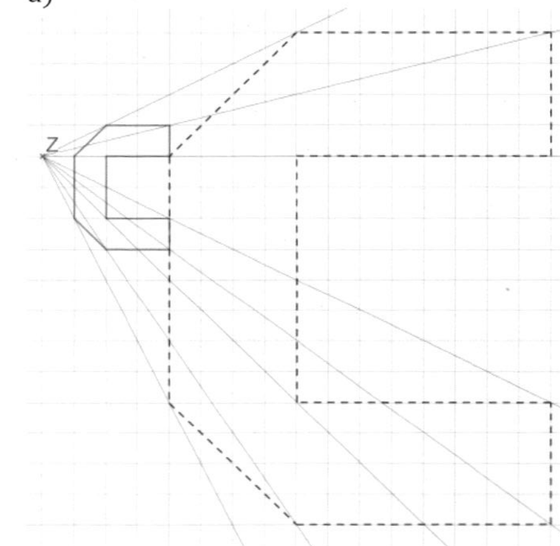

b)

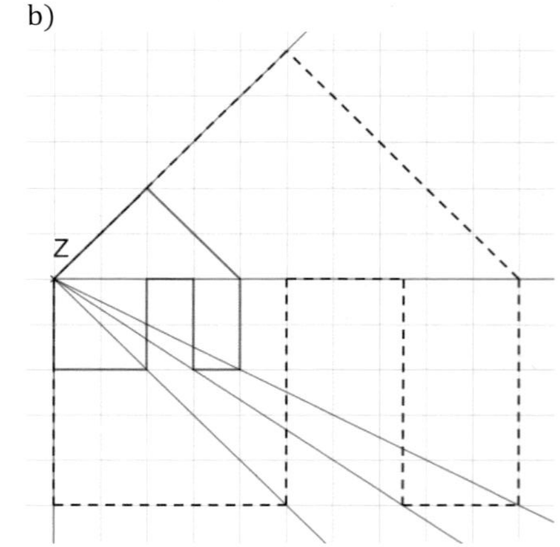

c)

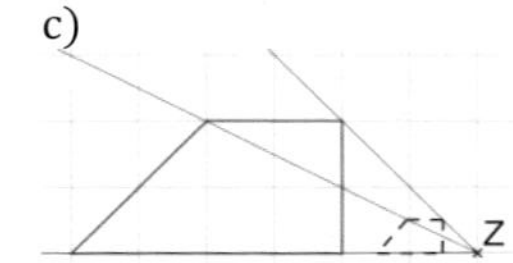

8
a) $k = 2$

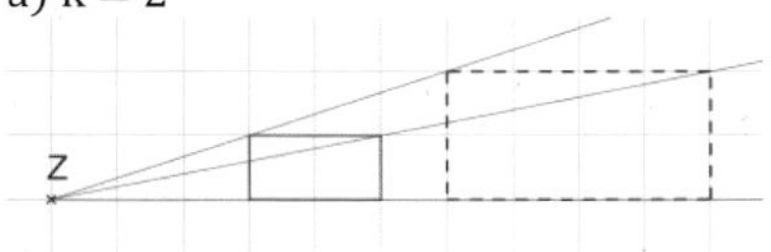

b) $k = 0{,}5$

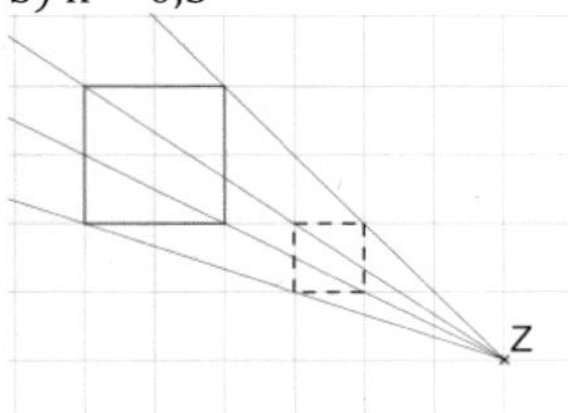

9
$k = 2$

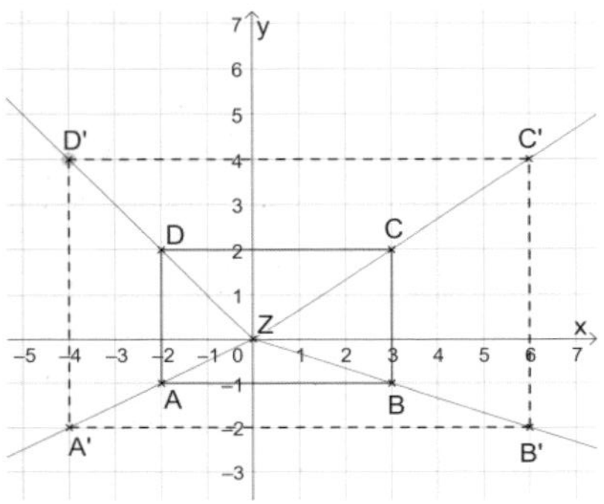

Ähnlichkeit von Figuren

75 Entdecken

1
individuell

2
③, <u>Begründung:</u> gleiche Winkel

8
a) $k = 2$

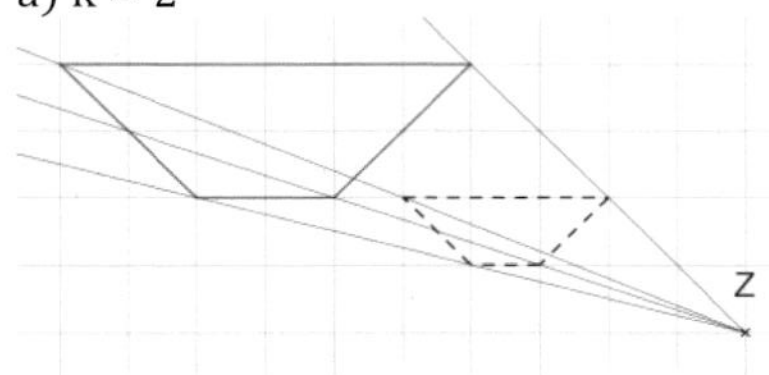

b) $k = 3$

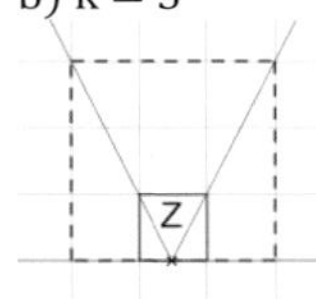

9
$k = 3{,}5$

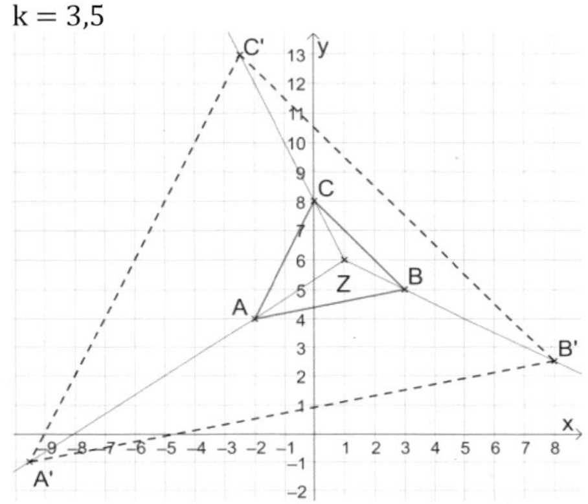

3
a) ① – ④: $k = 2$; gleiche Winkel
② – ⑤: $k = 1$; $\beta = 90°$
② – ③: $k = 0{,}5$; $\beta = 90°$
b) Gruppenarbeit
c) Gruppenarbeit

4
- 2 Seiten und ein eingeschlossener Winkel
- 3 Seiten

5
- ①, ④: $k = 0{,}5$; $\alpha = 90°$
- ③ $k = 0{,}25$, $\alpha = 90°$
- ⑦ $k = 1$, $\beta = 90°$

77 Üben und anwenden

1
1 ⇨ 13; 3 ⇨ 6; 4 ⇨ 11; bzw. 5 ⇨ 9; 7 ⇨ 14; 8 ⇨ 10;

2
individuell

3
a) $k = 2$; $k = 0{,}5$
b) $k = 2$; $k = 0{,}5$
c) Beide Figuren können das Original sein.

4
a) Wahr.
<u>Begründung:</u> Die Seitenverhältnisse sind stets 1 und die Winkel stets 90°.
b) Falsch.
<u>Begründung:</u> Die Seitenverhältnisse sind in der Regel verschieden.
c) Wahr.
<u>Begründung:</u> Die Seitenverhältnisse sind stets 1 und die Winkel stets 60°.

5
Falsch.
<u>Begründung:</u> Die Winkel bleiben gleich.

3
a) $k = 2$; $k = 0{,}5$
b) $k = 3$; $k = 0{,}33$
c) Beide Figuren können das Original sein.

4
a) Wahr.
<u>Begründung:</u> Unterschied nur im Radius.
b) Wahr.
<u>Begründung:</u> Die Kantenverhältnisse sind stets 1 und die Winkel stets 90°.
c) Falsch.
<u>Begründung:</u> Die Seitenverhältnisse und Winkel sind in der Regel verschieden.

5
Falsch.
<u>Begründung:</u> Die Seitenverhältnisse stimmen in der Regel nicht mehr überein.

6
a) Wahr
b) Falsch

6
③ und ④

78 Üben und anwenden

1
a) $A'B' = 16$ cm; $B'C' = 16{,}76$ cm; $C'A' = 5$ cm; $A' = 40\ \text{cm}^2$
b) $A''B'' = 2$ cm; $B''C'' = 4{,}19$ cm; $C''A'' = 1{,}25$ cm; $A'' = 1{,}25\ \text{cm}^2$

2
$A = 576\ \text{cm}^2$; $U = 96$ cm

2
$a' = 4{,}5$cm; $b' = 2{,}5$ cm;
$A' = 11{,}25\ \text{cm}^2$; $U' = 14$ cm

3
Dreisatz

4
$V' = 125\ \text{m}^2$

4
$a = 5{,}51$ cm

Die Strahlensätze

79 Entdecken

1
a) $k = 1{,}5$
b) ① $k = \frac{8\ \text{cm}}{5{,}4\ \text{cm}}$;
② $k = \frac{3\ \text{cm}}{2\ \text{cm}}$;
③ $k = \frac{7{,}5\ \text{cm}}{5\ \text{cm}}$
c) Das Verhältnis ist identisch.
d) individuell

2
Försterdreieck
- Dreiecke: Försterauge – Stab ist ähnlich Dreieck: Försterauge – Baumkrone
- Abstand Boden – Auge addieren

3
a) Die Seitenverhältnisse $\frac{\overline{AC}}{\overline{AC'}} = \frac{\overline{AB}}{\overline{AB'}}$; $\frac{\overline{AC}}{\overline{AC'}} = \frac{\overline{CB}}{\overline{C'B'}}$; $\frac{\overline{AB}}{\overline{AB'}} = \frac{\overline{CB}}{\overline{C'B'}}$ entsprechen einander.
b) $\frac{\overline{AC}}{\overline{AC'}} = \frac{\overline{AB}}{\overline{AB'}}$; $\frac{\overline{AC}}{\overline{AC'}} = \frac{\overline{CB}}{\overline{C'B'}}$; $\frac{\overline{AB}}{\overline{AB'}} = \frac{\overline{CB}}{\overline{C'B'}}$
c) $\frac{a}{b} = \frac{a'}{b'}$; $\frac{a}{c} = \frac{a'}{c'}$; $\frac{b}{c} = \frac{b'}{c'}$

81 Üben und anwenden

1
a) $x = 2{,}4$ cm
b) $x = 5$ cm

1
a) $b_1 = 5{,}25$ cm b) $a_1 = 1{,}25$ cm
c) $b_2 = 6$ cm d) $a_2 = 61{,}44$ cm

2
a) wahr;
Begründung: entsprechende Seitenverhältnisse
b) falsch;
Begründung: umgekehrte Seitenverhältnisse
c) falsch;
Begründung: falsche Seitenverhältnisse
d) wahr;
Begründung: entsprechende Seitenverhältnisse

2
a) $\frac{\overline{SB}}{\overline{SC}} = \frac{\overline{SD}}{\overline{SE}}$ bspw.
b) $\frac{\overline{SC}}{\overline{SE}} = \frac{\overline{SB}}{\overline{SD}}$
c) $\frac{\overline{BD}}{\overline{SB}} = \frac{\overline{CE}}{\overline{SC}}$ bspw.
d) $\frac{\overline{BC}}{\overline{SB}} = \frac{\overline{DE}}{\overline{SD}}$

3
a) $x = 137{,}5$ cm

3
a) Schattenlänge, Schatten – Stamm, Baum - Stamm
b) $x = \frac{22\ m \cdot 3\ m}{5{,}5\ m} = 12$ m

4
$x = 600$ m

4
$x = 51$ m

82

5
$x = 12$ m

5
$x = 71{,}6\ \text{m} \approx 72$ m

6
$\frac{c}{d} = \frac{b}{f}$; $\frac{e}{a} = \frac{f}{b}$; $\frac{a}{e} = \frac{c}{d}$

6
$\frac{\overline{ZA}}{\overline{ZJ}} = \frac{\overline{AB}}{\overline{JK}}$; $\frac{\overline{ZE}}{\overline{ZG}} = \frac{\overline{EF}}{\overline{GH}}$; $\frac{\overline{ZB}}{\overline{ZK}} = \frac{\overline{AB}}{\overline{JK}}$;
$\frac{\overline{ZF}}{\overline{ZH}} = \frac{\overline{EF}}{\overline{GH}}$; $\frac{\overline{ZJ}}{\overline{ZA}} = \frac{\overline{ZK}}{\overline{ZB}}$;

7
a) $\overline{AB} = 6$ cm
b) $\overline{B'Z} = 13{,}5$ cm
c) $\overline{A'B'} = 2{,}8$ cm
d) $\overline{BZ} = 18$ cm

7
a) $a_3 = 14$ cm; $b_1 = 20$ cm;
$b_3 = 8$ cm $c_2 = 35$ cm
b) $a_2 = 2$ cm; $b_2 = 1{,}5$ cm;
$b_3 = 0{,}3$ cm; $c_1 = 3{,}2$ cm
c) $a_2 = 31{,}8$ cm; $a_3 = 21{,}2$ cm;
$b_3 = 3{,}6$ cm; $c_2 = 27{,}6$ cm

8
a) Kästchengröße: 1 cm x 1 cm

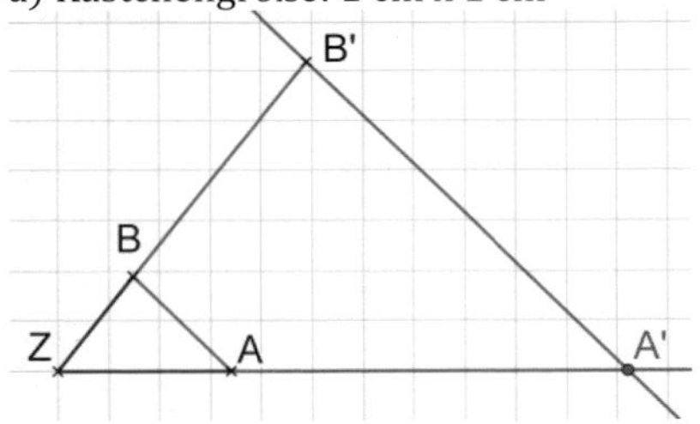

b) Ja, Strahlensatz-Figur in V-Form und in X-Form. Zudem ist kein Winkel an Z angegeben.

Kathetensatz und Höhensatz am rechtwinkligen Dreieck

83 Entdecken

1
individuell

2
a) individuell
b) individuell
c) Die Flächeninhalte sind identisch.
d) Gruppenarbeit
e) Gruppenarbeit

3
a) individuell
b) individuell
c) Die Flächeninhalte sind identisch.
d) Gruppenarbeit
e) Gruppenarbeit

85 Üben und anwenden

1
a) c = 8 cm; h_c = 3,46 cm
b) p = 7 cm; h_c = 7,48 cm
c) c = 1,5 cm; h_c = 0,71 cm
d) q = 12 cm; h_c = 18,33 cm
e) q = 8,45 cm; c = 13,45 cm

1
a) c = 6,1 cm; h_c = 3 cm;
A = 9,15 cm^2
b) q = 4,7 cm; h_c = 1,94 cm;
A = 5,33 cm^2
c) c = 21,29 cm; A = 111,76 cm^2
d) U = 65,2 mm
e) A = 191,95 cm^2
f) c = 34,45 cm; A = 344,5 cm^2

2
Falsch, da c < q
q = 8,3 cm; c = 11,3 cm

3
a) c = 10 cm
b) c = 4,57 cm
c) c = 200 cm
d) c = 60 cm

4
Individuell

5

	a	b	c	p	q	h	A	U
a)	10	15	18,03	5,73	12,3	8,4	75,68	43,03
b)	19,90	26,32	33	12	21	15,87	261,86	79,22
c)	31,88	17,00	36,13	28,13	8	15	270,98	85,01
d)	20,79	36	41,57	10,39	31,18	18	374,13	98,36

6
a = 8,94 m + 2 · 0,25 m = 9,44 m
b = 4,47 m + 2 · 0,25 m = 4,97 m

2
Dieses Dreieck ist nicht rechtwinklig. Der Höhensatz ist jedoch nur im rechtwinkligen Dreieck gültig.

3
a) b = 96,97 mm; c = 128,29 mm
b) a = 13,57 cm; b = 10,57 cm
c) a = b = 106,07 cm; c = 150 cm
d) b = 17,32 cm; a = 10 cm

6
a)

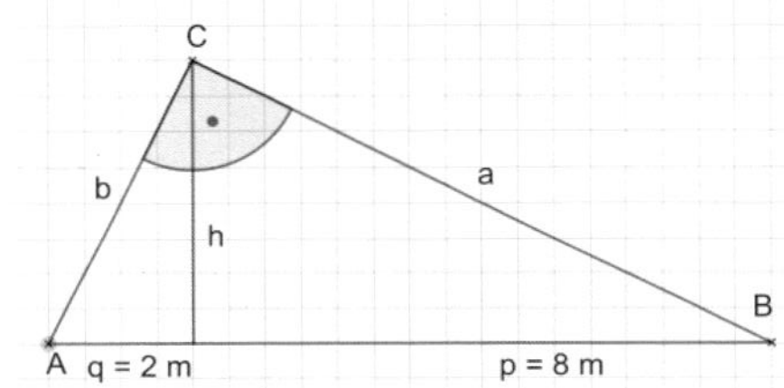

b) L = Länge des Hauses
A = L (a + b) = 13,41 L

Vermischte Übungen

88 **Vermischte Übungen**

1
a) Die Strecke $\overline{AB}$ ist 4-mal so lang wie die Strecke $\overline{CD}$.
b) Die Strecke $\overline{AB}$ ist 6-mal so lang wie die Strecke $\overline{CD}$.
c) Die Strecke $\overline{AB}$ ist $\frac{1}{6}$-mal so lang wie die Strecke $\overline{CD}$.
d) Die Strecke $\overline{AB}$ ist 3-mal so lang wie die Strecke $\overline{CD}$.
e) Die Strecke $\overline{AB}$ ist $\frac{1}{3}$-mal so lang wie die Strecke $\overline{CD}$.
f) Die Strecke $\overline{AB}$ ist 5-mal so lang wie die Strecke $\overline{CD}$.
g) Die Strecke $\overline{AB}$ ist $\frac{1}{5}$--mal so lang wie die Strecke $\overline{CD}$.

2
① s = 1,5; ② s = 1,67; ③ s = 1,45; ④ s = 1,5;
⑤ s = 1,5; ⑥ s = 1,5; ⑦ s = 1,5; ⑧ s = 1,5

3
Wahr;
Begründung: Alle Winkel sind gleich groß.
k = 1,1

4
a) Die Rechtecke ①, ② und ③ sind ähnlich.
Die Rechtecke ④ und ⑤ sind ähnlich.
b) Die Drachen ① und ③ sind ähnlich.

5
a) Wahr.
Begründung: Alle Winkel sind gleich groß.
b) Falsch.
Begründung: Nur in bestimmten Fällen gültig, da die Seitenverhältnisse i.d.Regel unterschiedlich sind.
c) Wahr.
Begründung: Alle Winkel sind gleich groß. Und alle Seitenverhältnisse sind "1".

1
a) individuell
b) individuell
c) individuell
d) individuell
e) individuell
f) individuell
g) individuell
h) individuell

4

Rechtecke:	A, M (k = 2)
Raute:	F, N (k = 0,5)
Parallelogramme:	H, O (Drehung)
Trapez:	C, P (k = 2)
Drachen:	C, Q (k = 3)
Allg. Viereck:	B, E(Drehung)
	B, G (Spiegelung, k = 2)

5
a) Falsch.
Begründung: Nur in bestimmten Fällen gültig, da die Seitenverhältnisse i.d.Regel unterschiedlich sind.
b) Wahr.
Begründung: Nur der Radius ist unterschiedlich.
a) Wahr.
Begründung: Alle Kantenverhältnisse sind "1".

89 **6**

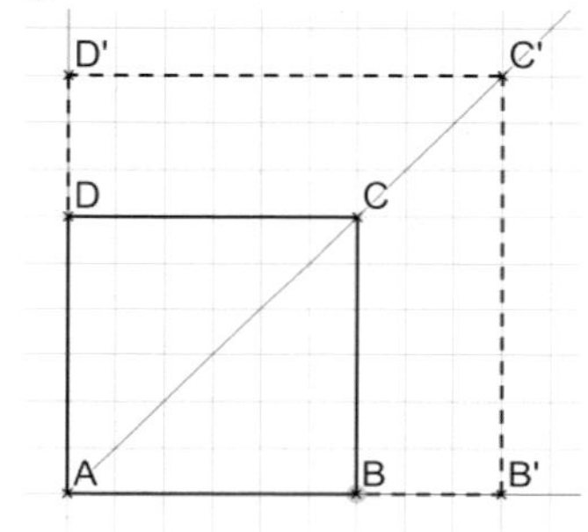

7
a), b)

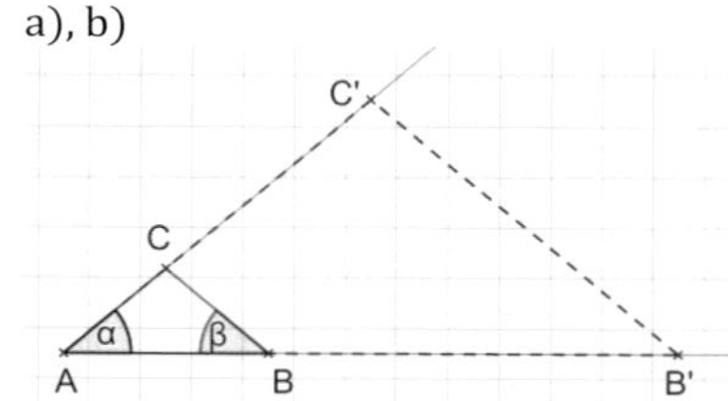

c) c' = 12 cm
d) A = 5,66 cm²
A' = 50,91 cm²

8
k = 0,75; b' = 3 cm
c' = 3,75 cm

9
a) A' = 448 cm²
b) A' = 1,12 cm²
c) A' = 63 cm²

10
a) V' = 640 cm³
b) V' = 40,96 cm³
c) V' = 3430 cm³

8
k = 1,2;
b' = 3,84 cm

8
a' = 1,8 cm

9
A' = 30,375 cm²
A'' = 1,185 cm²

10
Kantenlängen: $k = \frac{1}{5}$
Oberflächeninhalt: $k = \frac{1}{25}$

11
$k = 10$

12
$y = 11$; $z = 12$; $x = 14{,}9$

90 **13**
a) $h = 16{,}67$ m
b) $h = 5{,}25$ cm

14
a) $\frac{\mathbf{6{,}4\ cm}}{\overline{\mathbf{HC}}} = \frac{\mathbf{4}}{\mathbf{1}}$ ⇨ $\overline{\mathbf{HC}} = 1{,}6$ cm
b) $\overline{\mathbf{HB}} = 3{,}2$ cm; $A = 12{,}8\ cm^2$
c) $\mathbf{k = 0{,}8}$

15
a) $A = 150\ m^2$
b) $\mathbf{U = 145\ m}$; $A = 787{,}5\ m^2$

Noch fit bei Basisaufgaben?

1
G = 72 Jahre; M = 41 Jahre; T = 16 Jahre

2
$x = 11$; $y = 3$

3
$x = 4{,}5$

11
$k = \frac{4}{3}$

12
$x = 9$; $y = 12{,}375$; $z = 6{,}75$

13
a) $h = 100{,}17$ m
b) $h = 300{,}52$ m

Trigonometrie

Tangens am rechtwinkligen Dreieck

95 Entdecken

1

Die Gegenkathete von α:
Die Gegenkathete ist die Kathete, die gegenüber Winkel α liegt
Ankathete von α:
Die Ankathete ist die Kathete, die am Winkel α liegt.

2

a)

	α	a	b	$\frac{a}{b}$
①	30°	1,2	2	0,6
②	30°	1,8	3	0,6
③	30°	2,4	4	0,6

b) Die Quotienten $\frac{a}{b}$ sind identisch.

c) Gruppenarbeit

3

a) – Die Dreiecke sind ähnlich, da die Winkel identisch sind.
– individuell
– Alle rechtwinkligen Dreiecke mit $\alpha = 30°$ und $\gamma = 90°$ sind ähnlich

b)

$\frac{\overline{AC}}{\overline{BC}} = \frac{\overline{AC'}}{\overline{B'C'}}$

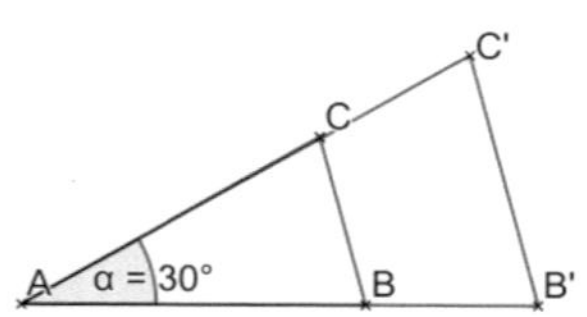

4

α vergrößern ⇨ Quotient $\frac{a}{b}$ vergrößert sich

α verkleinern ⇨ Quotient $\frac{a}{b}$ verkleinert sich

5

a)

	Punkt A	Punkt B	Punkt C
Entfernung von x – Achse	0,5	1	1,5
Entfernung von y – Achse	1,5	3	4,5
$\frac{\text{Entfernung von x – Achse}}{\text{Entfernung von y – Achse}}$	$\frac{1}{3}$	$\frac{1}{3}$	$\frac{1}{3}$

b) Die Verhältnisse zwischen der Entfernung zur x- Achse und der Entfernung zur y-Achse sind jeweils identisch.

c)

	Punkt A	Punkt B	Punkt C
Entfernung von x – Achse	1	2	3
Entfernung von y – Achse	1,25	2,5	3,75
$\frac{\text{Entfernung von x – Achse}}{\text{Entfernung von y – Achse}}$	$\frac{1}{1,25}$	$\frac{1}{1,25}$	$\frac{1}{1,25}$

97 Üben und anwenden

1

a) b)

	α Gegen-kathete	α Anka-thete	β Gegen-kathete	β Anka-thete	tan α	tan β
①	f	g	g	f	$\frac{f}{g}$	$\frac{g}{f}$
②	q	r	r	q	$\frac{q}{r}$	$\frac{r}{q}$
③	kein rechtwinkliges Dreieck					
④	a	b	b	a	$\frac{a}{b}$	$\frac{b}{a}$

2

Übertragung am Taschenrechner

3

a) individuell
b) individuell

4

a) tan α = 1,0000
b) tan α = 0,2126
c) tan α = 0,7002
d) tan α = 0,1763
e) tan α = 3,4874
f) tan α = 5,6713

4

a) tan α = 0,3249
b) tan α = 0,7265
c) tan α = 1,3764
d) tan α = 3,0777
e) tan α = 57,2900
f) tan α = 572,9572
g) Da die Winkelsumme im Dreieck 180° beträgt, sind keine 2 Winkel mit 90° möglich.

5
a) $\alpha = 45{,}0°$
b) $\alpha = 63{,}4°$
c) $\alpha = 71{,}6°$
d) $\alpha = 76{,}0°$

5
a) $\alpha = 43{,}5°$
b) $\alpha = 79{,}9°$
c) $\alpha = 40{,}5°$
d) $\alpha = 70{,}0°$

6
a) $\beta = 14{,}04°$
b) $\alpha = 26{,}57°$

6
a) $\alpha = 47{,}29°$; $\beta = 42{,}71°$
b) $\alpha = 57{,}59°$; $\beta = 32{,}41°$

7

	Gegen-kathete	An-kathete	tan β	β
a)	4,6 cm	8 cm	0,0100	29,9°
b)	5 cm	5 cm	0,0175	45°
c)	6 cm	4,96 cm	1,209	50,4°
d)	120 mm	6,5 cm	0,0322	61,56°

7
a) $\alpha = 25{,}02°$; $\beta = 64{,}98°$
b) $\alpha = 71{,}8°$; $\beta = 71{,}8°$

98 **8**
a) $\tan \alpha = \frac{7{,}95}{4}$
b) und c) $\tan \alpha = \frac{7{,}95}{4} = 1{,}9874$
also $\alpha = 63{,}29°$

8
a) wahr b) falsch
c) falsch d) wahr
e) wahr f) falsch
g) wahr h) falsch
i) wahr j) falsch

9
Falsch.
Begründung: tan 89,9 = 572,95

9
$\tan \alpha = 0$ würde bei $\alpha = 0°$ gelten. Dieses ist in einem rechtwinkligen Dreieck nicht definiert.

10
a) Aus dem Steigungsdreieck läßt sich der dazugehörige Winkel berechnen.
b) Da das Steigungsdreieck stets rechtwinklig ist, gilt:
$\tan \alpha = 1{,}5$
$\alpha = 56{,}3°$

10
a) Begründung: Er wird aus dem Steigungsdreieck berechnet.
b) Gegenkathete = – 2
Ankathete = 3
$\tan \beta = -\frac{2}{3}$ ⇨ $\beta = -33{,}69°$
Unterschied: negative Steigung

11
a) ① $\alpha = 26{,}57°$
② $\alpha = 60{,}95°$
③ $\alpha = 63{,}43°$
④ $\alpha = 14{,}04°$
b) Es gibt eine negative und eine positive Steigung.

12
a) r = 3,75 cm
b) $\tan \alpha = \frac{h}{r}$ ⇨ h = 8,04 cm
c) V = 118,4 cm³ O = 148,7 cm²

12
V = 21 873,5 m³

Sinus und Kosinus

99 **Entdecken**

1
a)

	α	a	c	$\frac{a}{c}$
①	30°	1,5	3	0,5
②	30°	2	4	0,5
③	30°	2,5	5	0,5

b) Der Quotient $\frac{a}{c}$ ist bei den 3 Dreiecken identisch.
c) Gruppenarbeit
d)

	α	b	c	$\frac{b}{c}$
①	60°	2,6	3	0,87
②	60°	3,5	4	0,87
③	60°	4,35	5	0,87

2
a) individuell
Die Quotienten sind identisch.
b) individuell
Begründung: $\frac{a'}{c'} = \frac{a''}{c''}$

3
a)

	α	b	c	$\frac{b}{c}$
①	30°	2,6	3	0,87
②	30°	3,5	4	0,87
③	30°	4,35	5	0,87

b) Der Quotient $\frac{b}{c}$ ist bei den 3 Dreiecken identisch.

c) c = 23,09 cm
d) Gruppenarbeit

4
$\frac{a}{c} = \frac{\text{Gegenkathete von } \alpha}{\text{Hypothenuse}}$ $\frac{b}{c} = \frac{\text{Ankathete von } \alpha}{\text{Hypothenuse}}$

101 Üben und anwenden

1
Gegenkathete α: a
Gegenkathete β: b
$\sin\alpha = \frac{a}{c}$ $\sin ß = \frac{b}{c}$

2

α	0°	10°	20°	30°	40°
sin α	0	0,174	0,342	0,5	0,643

α	50°	60°	70°	80°
sin α	0,766	0,866	0,940	0,985

Es liegt kein lineares Wachstum vor.
Begründung: Die Differenz der Quotienten nimmt ab.

3
a) $\beta = 48{,}59°$
b) $\alpha = 14{,}48°$

4
a) β: Ankathete c $\cos\beta = \frac{c}{a}$
γ: Ankathete b $\cos\gamma = \frac{b}{a}$
b) α: Ankathete b $\cos\alpha = \frac{b}{c}$
β: Ankathete a $\cos\alpha = \frac{a}{c}$

5
a) < b) >
c) > d) >
e) < f) >

1
a) $\sin\alpha = \frac{a}{b}$ $\sin\gamma = \frac{c}{b}$
b) $\sin\beta = \frac{b}{a}$ $\sin\gamma = \frac{c}{a}$
c) Begründung der Unterschiede: Im Dreieck a) liegt der rechte Winkel bei B. Im Dreieck b) liegt er bei A. Deshalb ergeben sich unterschiedliche Seitenverhältnisse.

2

α	15°	30°	45°	60°	75°
sin α	0,259	0,5	0,707	0,866	0,966

3
a) $\beta = 62{,}09°$ $\gamma = 29{,}23°$
b) $\alpha = 60{,}11°$ $\gamma = 30°$

4
a) $\cos\alpha = \frac{c}{b}$
$\cos\gamma = \frac{a}{b}$
b) $\cos\alpha = \frac{a}{e}$
$\cos\alpha = \frac{b}{e}$

5

α	15°	30°	45°
cos α	0,966	0,866	0,707

α	60°	75°	1°
cos α	0,5	0,259	1

6
a) $\alpha = 46{,}57°$
b) $\beta = 55{,}77°$

102 7

	a	c	sin α	α
a	4,5 cm	6,0 cm	0,1309	48,59°
b	1,9 cm	8,4 cm	0,0039	13,07°
c	4,0 cm	7,1 cm	0,0098	34,3°

8
a) c = 18 cm
b) c = 39,73 cm
c) a = 3,83 km
d) c = 13,99 cm

9
a) $\sin 0° = 0$
b) $\cos 0° = 1$

10
a) $\alpha = 16{,}7°$ $\beta = 73{,}3°$
b)

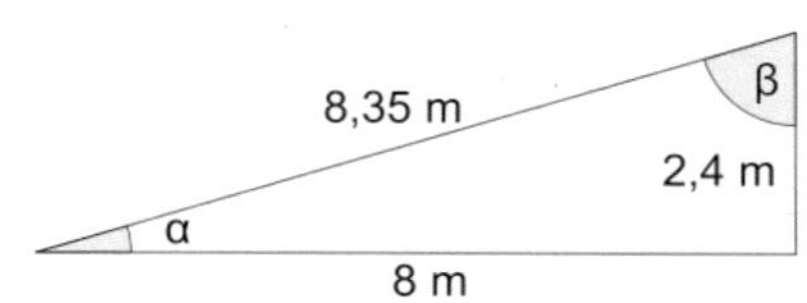

6
a) $\alpha = 27{,}3°$ $\beta = 62{,}7°$
b) $\alpha = 53{,}66°$ $\beta = 36{,}34°$

7
a)

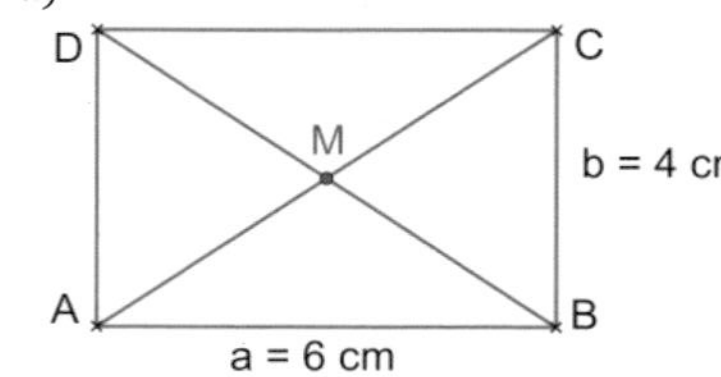

b) $\alpha = 33{,}69°$
$\beta = 90°$
$\gamma = 56{,}31°$
c) $\alpha = 33{,}69°$
$\beta = 33{,}69°$
$\gamma = 112{,}62°$

$\cos 90° = 0$
$\sin 90° = 1$

10
- $\frac{x}{6\,m} = \frac{2{,}4\,m}{8\,m}$ ⇨ x = 1,8 m
- $\tan 16{,}7° = \frac{x}{6\,m}$ ⇨ x = 1,8 m

Die Strebe ist 1,8m lang.

Ist der Winkel bereits bekannt, ist der Aufwand bei beiden Methoden gleich.

11
a)
wahr, denn $\alpha = 67{,}98°$
b)

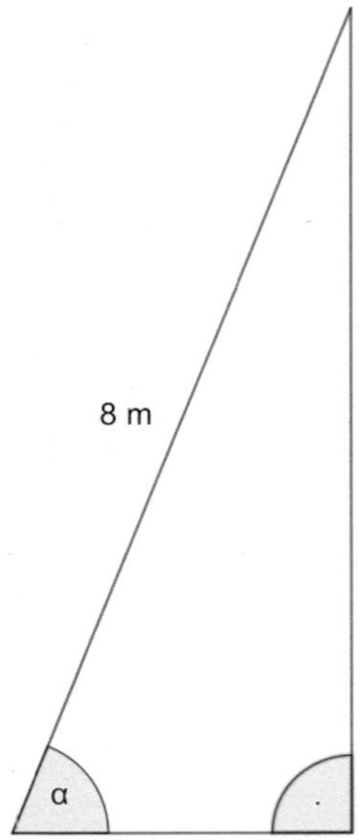

c)
Falsch, denn $\alpha' = 75{,}52°$
d) Falsch, denn $\alpha'' = 60°$

11
a) b)
Ankathete $= \frac{21\,m - 15\,m}{2} = 3$ m

$\cos\alpha = \frac{3\,m}{4{,}85\,m}$ ⇨ $\alpha = 51{,}79°$
c)

d) t = 3,81 m

Berechnungen an geometrischen Figuren

103 Entdecken

1
a), b) Wahr.
Begründung: h = 17 km · tan 3° = 890,9 m

2
a) individuell
b) ① $\sin 55° = \frac{12{,}5\,m}{x}$ ⇨ x = 15,26 m
② $\cos 31° = \frac{x}{3{,}8\,m}$ ⇨ x = 3,26 m
③ $\cos 60° = \frac{\frac{70\,m}{2}}{x}$ ⇨ x = 70 m

104 Üben und anwenden

1
a) a = 5,1 cm
b) a = 7,9 cm
c) h = 2,8 cm

2
A = 15,58 cm²

3
a)

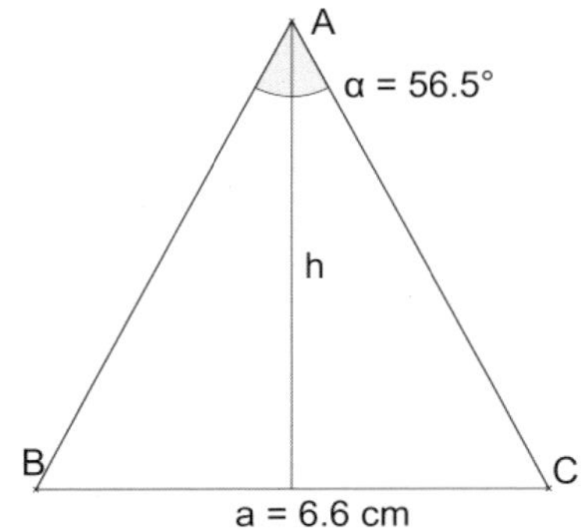

b) $h_a = 6{,}14$ cm
c) $\tan\frac{56{,}5°}{2} = \frac{3{,}3\,cm}{h}$
Unterschied: Höhe liegt auf a

4
s = 447,85 m

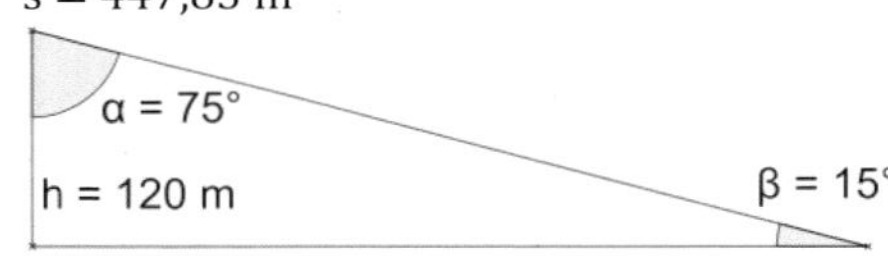

105 **5**
$\alpha = 1{,}93°$

6
a) Δ ABE/ Δ BCG/ Δ ACH/....
b) $\tan\alpha = \frac{\overline{EA}}{\overline{AB}}$ ⇨ $\alpha = 68{,}2°$
c) $\beta = 61{,}93°$

2
U = 19,05 cm

3
a)

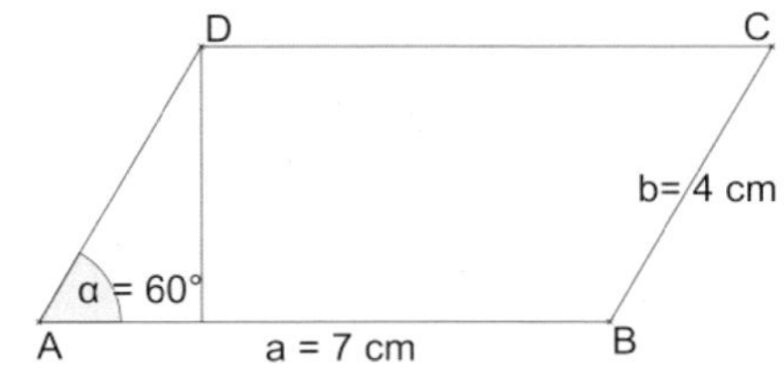

b) $h_a = 3{,}46$cm
c) A = 24,25 cm²

4
a) Das Flugzeug fliegt in 3,8 km Entfernung. Der Sichtwinkel beträgt 23°
b) h = 1,61 km
c) Entfernung = 4,13 km
d) – Satz des Pythagoras
– sin α, cos α

5
$\alpha = 13{,}19°$

6
a) $\overline{AC} = 5$ cm
b) $\gamma = 56{,}3°$
c) – Satz des Pythagoras
–sin α, cos α

7

a) $\sin\alpha = \frac{a}{f}$ $\cos\alpha = \frac{e}{f}$

$\tan\alpha = \frac{a}{e}$

b) $\tan\alpha = \frac{3\,cm}{\sqrt{18\,cm}}$ ⇨ $\alpha = 35{,}26°$

8

a)

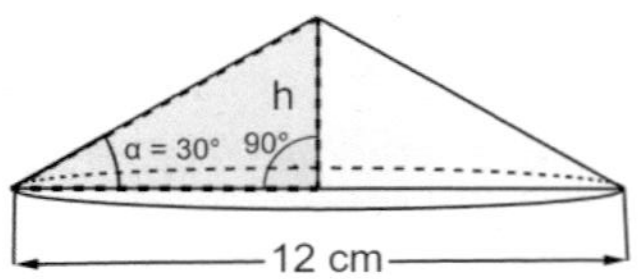

b) h = 3,46 cm r = 6 cm

9

a)

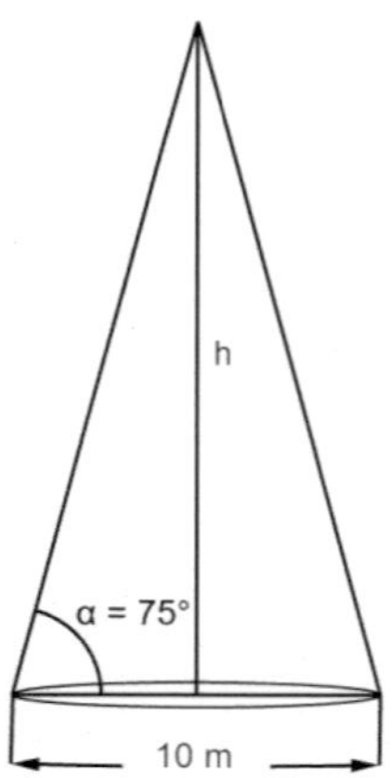

b) h = 18,66 m

10

Dreieck $h_a \frac{a}{2}$ s

Dreieck $\frac{e}{2}$ h s

Dreieck h $\frac{a}{2}$ h_a

α = Winkel der Pyramidenseite zur Grundfläche

β = Winkel der Seitenhöhe zur Grundfläche

7

a) α = 35,25°
b) α = 35,25°
c) identisch

8

$V = \frac{1}{3} \cdot r^2 \cdot \pi \cdot h$ $h = 6 \cdot \tan 30°$

$V = 130{,}60 cm^3$

Verdoppelt sich der Neigungswinkel des Kegels, so verdreifacht sich sein Volumen.

9

a) Individuell, bei einer Schrittlänge von 06 m bspw.: h = 6,02 m

b) Ja

<u>Begründung:</u> Bei 42° Schüttwinkel kann ein kegelförmiger Sandhaufen mit r = 3 m und einer Höhe von h= 2,7m aufgeschüttet werden. Diese entspricht 24,4 m^3 Sand. Somit reicht r = 3 m für 20 m^3 Sand.

10

a) e = 87,68 cm α = 47,59°
b) h = 34,39 cm e = 53,74 cm
h_a = 39,29 cm V = 16 553,05 cm^3

Die Sinusfunktion

106 Entdecken

1

a) h = 100 m t = 200 Sekunden
b) vgl. Buch

2

individuell

3

a) Hypothenuse ≙ r
b) individuell

4

individuell

5

a) individuell
b)-c) sin120° = – cos 150° sin 150° = – cos 120°

108 Üben und anwenden

1

- <u>Gemeinsamkeiten:</u>
  sich wiederholende gleiche Ausschläge
- <u>Unterschiede</u>:
  gleiche Intervalle
  Minimal- und Maximalausschlag zu verschiedenen Zeitfrequenzen

2

a) Regelmäßige wiederholenden Ausschläge zwischen –4 und 4
Länge der Periode: 8
b) Regelmäßige wiederholenden Ausschläge zwischen 0 und 3
Länge der Periode: 9

2

a) Nein
<u>Begründung:</u> Die Länge der Periode nimmt stetig ab.
b) Ja
<u>Begründung</u>: Länge der Periode: 2,5

3

a) α ≈ 0,64
b) α ≈ 0,98
c) α ≈ 0,77
d) α ≈ – 0,5
e) α ≈ – 0,98
f) α ≈ – 0,87

3

a) α ≈ 0,94
b) α ≈ 0,96
c) α ≈ 0
d) α ≈ – 0,99
e) α ≈ – 1
f) α ≈ 0,71

4
a) $\alpha \approx -0{,}71$
b) $\alpha \approx -0{,}71$
c) $\alpha \approx 0{,}71$

4
a) $\alpha \approx -0{,}57$
b) $\alpha \approx -0{,}34$
c) $\alpha \approx 1$

5
a)

α	0°	15°	30°	45°	60°	75°	90°
sin α	0	0,2588	0,5	0,7071	0,8660	0,9659	1
α	105°	120°	135°	150°	165°	180°	195°
sin α	0,9659	0,8660	0,7071	0,5	0,2588	0	−0,2588
α	210°	225°	240°	255°	270°	285°	300°
sin α	−0,5	−0,7071	−0,8660	−0,9659	−1	−0,9659	−0,8660
α	315°	330°	345°	360°			
sin α	−0,7071	−0,5	−0,2588	0			

b)

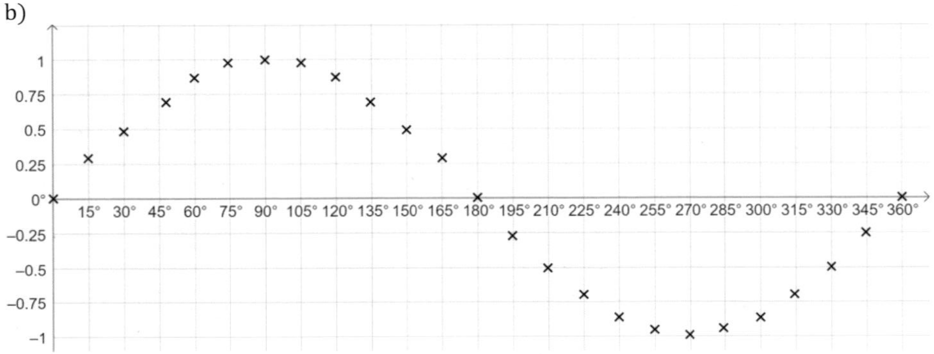

c) Der Graph steigt in Form einer Kurve bis zum Hochpunkt y= 1. Anschließend fällt er bis zum Tiefpunkt von y = −1. Dann steigt er wieder. Die Nullstellen liegen bei x = 0°, x = 180° und x= 360°.
d) Im Intervall zwischen x = 0° bis x = 180° ist sin α ≧ 0. Im Intervall zwischen x = 180° bis x = 360° ist sin α ≦ 0.
e) Graph steigt: x = 0° bis x = 90°; x > 270° bis x = 360°
Graph sinkt: x > 90° bis x = 270°

109 **6**
a) x = 0°; x = 180°
b) x = 90°; x = 450°
c) x = 270°; x = 630°

6
a) Für x = 0° sowie alle Vielfachen von x= 180° ist y = 0.
b) Für x = 90° sowie alle Vielfachen von 360° plus 90° ist y = 1.
c) Für x = 270° sowie alle Vielfachen von 360° plus 270° ist y = −1

7
① Wahr
<u>Begründung:</u> An der Nullstelle x = 900° sinkt die Sinuskurve. Zudem steigt die Kurve an der Nullstelle x = 1080°. Beides entspricht der Sinuskurve.
② Falsch
<u>Begründung:</u> An der Nullstelle x = 540° sinkt die Sinuskurve. Bei diesem Graph steigt sie.

7
① Wahr
<u>Begründung:</u> An der Nullstelle x = 2340° sinkt die Sinuskurve. Zudem steigt die Kurve an der Nullstelle x = 2160°. Beides entspricht der Sinuskurve.
② Falsch
<u>Begründung:</u> An der Nullstelle x = 1620° sinkt die Sinuskurve. Bei diesem Graph steigt sie.

8
a) α = 0°
b) α = 1°
c) α = −1°
d) α = 0°
e) α = 0°
f) α = −1°
g) α = 0°
h) α = 1°
i) α = 0°
j) α = −1°

8
0; 180; 900
25; 385; 1465
245; 115
405; 45; 765
<u>Begründung:</u> Sie haben jeweils den selben y-Wert.

9
② <u>Begründung:</u>
- Stellt den Gezeitenwechsel alle 500 Minuten richtig dar.
- Der Wasserstand nimmt in Form einer Kurve ab bzw. zu.

10

1 Uhr: 1,87 m	2 Uhr: 1,5 m	3 Uhr: 1 m	4 Uhr: 0,5 m
5 Uhr: 0,13 m	6 Uhr: 0 m	7 Uhr: 0,13 m	8 Uhr: 0,5 m
9 Uhr: 1 m	10 Uhr: 1,5 m	11 Uhr: 1,87 m	12 Uhr: 2 m

Vermischte Übungen

112 Vermischte Übungen

1
Die Ankathete ist die Kathete, die am Winkel liegt.

2
a) a
b) c
c) a
d) b
e) b

3
a) $\sin\beta = \frac{b}{a}$ $\cos\beta = \frac{c}{a}$ $\tan\beta = \frac{b}{c}$
$\sin\gamma = \frac{c}{a}$ $\cos\gamma = \frac{b}{a}$ $\tan\gamma = \frac{c}{b}$
b) $\sin\alpha = \frac{a}{c}$ $\cos\alpha = \frac{b}{c}$ $\tan\alpha = \frac{a}{b}$
$\sin\beta = \frac{b}{c}$ $\cos\beta = \frac{a}{c}$ $\tan\beta = \frac{b}{a}$
c) $\sin\alpha = \frac{a}{b}$ $\cos\alpha = \frac{a}{b}$ $\tan\alpha = 1$
$\sin\gamma = \frac{a}{b}$ $\cos\gamma = \frac{a}{b}$ $\tan\gamma = 1$
d) $\sin\alpha = \frac{a}{b}$ $\cos\alpha = \frac{c}{b}$ $\tan\alpha = \frac{a}{c}$
$\sin\gamma = \frac{c}{b}$ $\cos\gamma = \frac{a}{b}$ $\tan\gamma = \frac{c}{a}$

4
y = x + 2
$\alpha = 45°$, da $m = \frac{1}{1}$

5
a) $\alpha = 10{,}2°$
b) $\alpha = 3{,}4°$
c) s = 100%

113 **6**

				in cm		
	α	β	γ	a	b	c
a	43°	47°	90°	3,63	3,9	5,32
b	90°	32°	58°	4,91	2,6	4,16
c	71°	90°	19°	19,17	20,27	6,6
d	76°	90°	14°	20,85	21,49	5,2
e	90°	61°	29°	7,84	6,86	3,8

2
a) Falsch:
Begründung:
Die Hypnothenuse ist nur dann die Seite c, wenn der rechte Winkel am Punkt C liegt.
b) Falsch:
Begründung: Dieses ist nur bei rechtwinkligen Dreiecken gültig.
c) Wahr:
Begründung: Die Höhe liegt rechtwinklig auf der Seite c.

3
a) $\sin\alpha = \frac{a}{c}$ $\cos\alpha = \frac{b}{c}$ $\tan\alpha = \frac{a}{b}$
b) $\sin\beta = \frac{b}{c}$ $\cos\beta = \frac{a}{c}$ $\tan\beta = \frac{b}{a}$
c) $\sin\alpha = \frac{b}{e}$ $\cos\alpha = \frac{a}{e}$ $\tan\alpha = \frac{b}{a}$
$\sin\beta = \frac{a}{e}$ $\cos\beta = \frac{b}{e}$ $\tan\beta = \frac{a}{b}$
d) $\sin\alpha = \frac{h}{a}$ $\cos\alpha = 0{,}5$ $\tan\alpha = \frac{h}{0{,}5a}$
$\sin\beta = \frac{h}{a}$ $\cos\beta = 0{,}5$ $\tan\beta = \frac{h}{0{,}5a}$

4
y = 3,7x + 3,5

6
a) α verkleinert ⇨ $\frac{a}{c}$ kleiner, $\frac{a}{b}$ kleiner
α vergrößert ⇨ $\frac{a}{c}$ größer, $\frac{a}{b}$ größer
b) $\frac{a}{c}$ größer, $\frac{a}{b}$ nähert sich 1 an.

7
$\delta_1 = 53{,}13°$
h = 4,8 cm
A = 67,2 cm²

8
c = 4,5 cm

U = 11,5 cm

9
a) h = 3,46 m; $h_{Haus} = 10{,}96$ m
b) A = 20,76 m²

10
a) $\sin\alpha = \frac{c}{f}$; $\cos\alpha = \frac{e}{f}$; $\tan\alpha = \frac{c}{e}$
$\sin\beta = \frac{c}{g}$; $\cos\beta = \frac{b}{g}$; $\tan\beta = \frac{c}{b}$
b) Die Länge der Seite a verändert wird, die Länge der Seite bleibt gleich, dann verändert sich nur α.

114 **11**
a) h = 6,21 m
b) Miete = 1198,21 €
c) A = 350,84 m²

7
a)

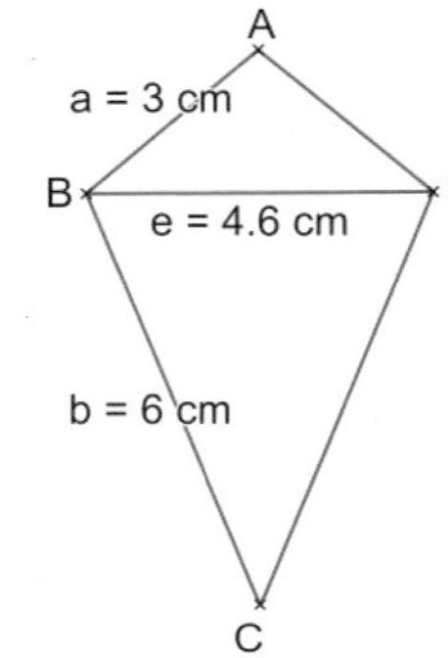

b) $\alpha = 100{,}1°$
$\beta = 104{,}3°$
$\gamma = 51{,}3°$
$\delta = 104{,}3°$
c) f = 7,47 cm
d) A = 34,36 cm²

8
b = 6,4 cm; c = 3,9 cm; d = 5 cm
g = 8,12 cm; f = 6,34 cm
$\alpha_2 = \beta = \delta_1 = 38°$
$\alpha = \gamma = \delta_2 = 52°$

9
a) A = 110,76 m²
b) $\alpha = 30°$; L = 7,32 m

10
a) c =8,71 cm
b) ① $\alpha = 27{,}72°$; $\beta = 53{,}13°$
② $\alpha = 36{,}69°$; $\beta = 39{,}81°$

12

a) Satz des Thales
b) $A_{AME} = 2\ cm^2$; $A_{ABC} = 6{,}69\ cm^2$
c) $\overline{DB} = 0{,}99$ cm; $\overline{AD} = 5{,}01$ cm; $\overline{MD} = 2{,}01$ cm; $\overline{AE} = 3{,}28$ cm; $\overline{EC} = 2{,}2$ cm;

13

a) Gemeinsamkeiten:
① – ②: Hochpunkt: 1;
① – ③: Periodenlänge ist identisch

Unterschiede:
① – ②: $\frac{\text{Periodenlänge ①}}{\text{Periodenlänge ②}} = \frac{1}{2}$
① – ③: Der Hochpunkt liegt bei ① bei 1, bei ③ bei 2
② – ③: $\frac{\text{Periodenlänge ②}}{\text{Periodenlänge ③}} = \frac{2}{1}$; Der Hochpunkt liegt bei ② bei 1, bei ③ bei 2

b) ② $f(x) = \sin(2x)$; ③ $f(x) = 2\sin(x)$
c) Hochpunkt: 0,5; Periodenlänge: verdoppelt
$f(x) = 0{,}5\sin(2x)$

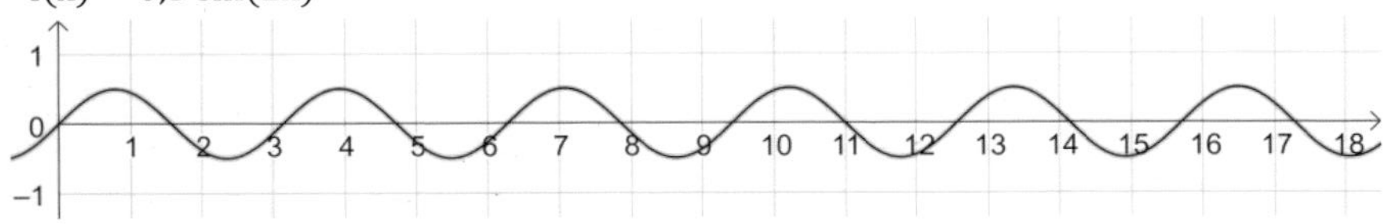

Noch fit bei Basisaufgaben?

1

a) $(2a + 3b)^2 = 4a^2 + 12ab + 9b^2$
b) $(4x - y)^2 = 16x^2 - 8xy + y^2$
c) $(10c - 3d)(10c + 3d) = 100c^2 - 9d^2$
d) $(\frac{1}{2}e + \frac{2}{3}f)^2 = \frac{1}{4}e^2 + \frac{2}{3}ef + \frac{4}{9}f^2$

2

A: $p = \frac{1}{3}$; B: $p = \frac{5}{6}$; C: $p = \frac{1}{2}$; D: $p = \frac{2}{3}$; E: $p = \frac{5}{6}$; F: $p = 1$

Kugeln

Volumen der Kugel

119 Entdecken

1

a) – Halbkugel mit dem Radius r
– Kegel mit dem Radius r und der Höhe r

b)

Halbkugel: Draufsicht	Kegel: Draufsicht
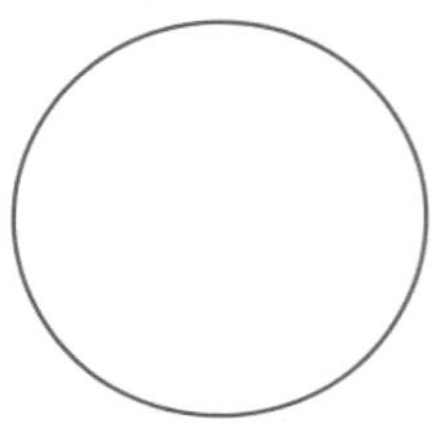	
Halbkugel: Seitenansicht	**Kegel: Seitenansicht**
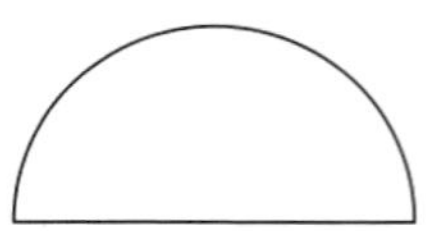	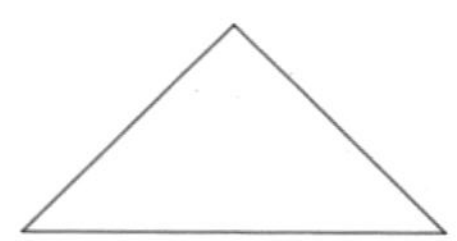

c) Das Volumen der Halbkugel ist größer als das Volumen des Kegels.
Begründung:
Versuch: Fülle den Kegel bis zum Rand mit Wasser. Gieße den Inhalt anschließend in die Halbkugel. Sie wird nicht bis zum Rand gefüllt sein.

2

a) $V_{Würfel} = 64\ cm^3$
Der Sand steht bis knapp oberhalb der Mitte im Würfel.

b), c) $V_{Kugel} = \frac{1}{2}(2\pi r^2)$

3

a) – e) individuell

4

b) – c) individuell

121 Üben und anwenden

1

a) $V = 523{,}60\ cm^3$ G
b) $V = 904{,}78\ cm^3$ L
c) $V = 229\,847{,}30\ cm^3$ O
d) $V = 1\,767{,}15\ cm^3$ B
e) $V = 2\,065\,236{,}93\ cm^3$ U
f) $V = 4\,188\,790{,}2\ cm^3$ S
Lösungswort: **Globus**

2

a) $V = 14{,}14\ mm^3$
b) $V = 113{,}1\ cm^3$

1

a) $V = 91{,}95\ cm^3$ F
b) $V = 7\,238\,229{,}47\ cm^3$ L
c) $V = 73\,622{,}18\ cm^3$ U
d) $V = 3\,942{,}46\ cm^3$ M
e) $V = 1\,057\,401{,}31\ cm^3$ M
f) $V = 65{,}45\ cm^3$ I
Lösungswort: **Flummi**

2

a) $V = 57\,905{,}84\ mm^3$
b) $V = 16\,210{,}17\ dm^3$
c) $V = 1{,}37\ m^3$
d) $V = 0{,}04\ m^3$
e) $V = 2\,144\,660{,}58\ mm^3$
f) $V = 28\,730{,}91\ cm^3$

3

Falsch
Begründung:
Der Radius dieses Tischtennisballes würde 3,3 cm betragen. Dieses ist für einen Tischtennisball zu groß

4

$V_1 = 33\,493{,}3\ cm^3$
Vorteil: schnelle schriftliche Rechnung ohne π
Nachteil: ungenau

$V_2 = 33\,516{,}32\ cm^3$
Vorteil: sehr genau
Nachteil: komplizierte Rechnung

$V_3 = 32\,000\ cm^3$
Vorteil: Kopfrechnung möglich
Nachteil: ungenau

5

a) $r = 1{,}48\ m$
b) $r = 2{,}9\ dm$
c) $r = 4{,}35\ cm$
d) $r = 10{,}01\ mm$

5

a) $d = 2{,}89\ m$
b) $d = 19{,}19\ mm$
c) $d = 8{,}36\ dm$
d) $d = 9{,}52\ dm$
e) $d = 6{,}71\ cm$

6

$r = 3\ mm$

7
r = 12 cm
$V = 7238{,}23\ cm^3$

122 **8**
a) $V = 523{,}60\ cm^3$
b) $r_2 = 6{,}3$ cm
$r_3 = 7{,}21$ cm
$r_4 = 7{,}94$ cm
$r_5 = 8{,}55$ cm

9
$V = 38\,792{,}39\ mm^3 \approx 38{,}79\ cm^3$
M = 44,61 g

10
Ja, M = 15,71 kg

11
Die Eisdiele von Amid verkauft ihr Eis billiger.

12
a) $V = 381{,}68\ cm^3$
b) r = 4,5 cm

13
$V_J / V_M = 26\,775{,}62 \approx 26\,775$

14
individuell

7
a) $V_{Kugel} = 268{,}08\ cm^3$
$V_{Schachtel} = 512\ cm^3$
b) $V_{frei} = 243{,}92\ cm^3$

8
Falsch:
Wenn sich der Radius einer Kugel verdoppelt, so vervierfacht sich sein Volumen.

9
$M_{Brunnen} = 1\,881\,656{,}919\ g \approx 1\,881{,}66\ kg$

11
a) $x = 152{,}79$ Kugeln ≈ 152 Kugeln
b) Das Volumen ist nicht fix.
- verschiedene Portioniermethoden
- Luft im Eis

12
a) $V_M = 923{,}66\ cm^3$
$V_F = 508{,}91\ cm^3$
b) $r_M = 6{,}04$ cm
$d_M = 12{,}08$ cm
$r_F = 4{,}95$ cm
$d_F = 9{,}91$ cm
Der Durchmesser der Kugel für Männer ist nur 2,18 cm größer, das Volumen verdoppelt sich jedoch fast.

13
a) $x = 20{,}54 \approx 20$
b) $x = 2{,}3 \approx 2$
c) $x = 1{,}07 \approx 1$

Oberflächeninhalt einer Kugel

123 Entdecken

1
a) $O_{W1} = 600\ cm^2$ <u>Reihenfolge</u>: $W_1 - K - W_2$
$O_K = 314{,}16\ cm^2$
$O_{W2} = 194{,}94\ cm^2$
b) … zwischen den Oberflächeninhalten der Würfel liegen
c) individuell

2
a) individuell
b) ca. 4 Kreise
c) individuell
d) Der Oberflächeninhalt einer Kugel mit dem Radius r entspricht 4 x der Kreisfläche des Kreises mit dem Radius r.
e) $O = 4 \cdot \pi \cdot r^2$

3
$O = 314{,}16\ cm^2$

125 Üben und anwenden

1
a) $O = 201{,}06\ cm^2$
b) $O = 3216{,}99\ m^2$
c) $O = 929{,}41\ mm^2$
d) $O = 452{,}39\ mm^2$
e) $O = 490{,}87\ cm^2$
f) $O = 4{,}83\ m^2$

2
a) r = 1,07 m
b) r = 2,90 dm
c) r = 4,41 cm
d) r = 16,45 mm

1
a) $O = 615{,}75\ cm^2$
b) $O = 2\,463{,}01\ dm^2$
c) $O = 25\,446{,}9\ mm^2$
d) $O = 0{,}10\ m^2$
e) $O = 0{,}79\ cm^2$
f) $O = 196250\ cm^2$

2
a) r = 1,34 m d = 2,68 m
$V = 10{,}09\ m^3$
b) r = 14,93 mm d = 29,85 mm
$V = 13\,931{,}92\ mm^3$
c) r = 2,9 dm d = 5,81 dm
$V = 102{,}47\ dm^3$
d) r = 5,06 dm d = 10,12 dm
$V = 542{,}49\ dm^3$
e) r = 4,53 cm d = 9,06 cm
$V = 388{,}78\ cm^3$

3
a) $r = \sqrt{\frac{O}{4\pi}}$
b) $O \approx 12\,r^2$

4
individuell

5
O = 10 207,03 mm² ≈ 102,07 cm²

6
Ein Basketball: r = 12 cm

7

r in cm	1	2	4	8
O in cm²	12,57	50,27	201,06	804,25

Verdoppelt sich der Radius einer Kugel, so vervierfacht sich seine Oberfläche.

8
individuell

9
d < 29,85 cm

126 **10**

		groß	mittel	klein
a)	r in mm	1,25	0,7	0,6
b)	O in mm²	19,63	6,16	4,52
c)	V in mm³	8,18	1,44	0,9

d) individuell

11
O = 1170,56 cm²

12
$O = 4 \cdot \pi \cdot 2{,}3^2 \Rightarrow O = 66{,}48\ [\text{cm}]^2$

5
x ≈ 2 827 Mosaiksteine

6
Falsch
Begründung: Es gibt keine Orangen mit einem Radius von r = 9,01 cm.

7
$\frac{r}{2} \Rightarrow \frac{O}{4}$
$3 \cdot r \Rightarrow 9 \cdot O$

8
$r_k = 10{,}35$ cm $O_k = 1\,344{,}86$ cm²
$V_k = 4\,637{,}56$ cm³
$r_g = 10{,}66$ cm $O_g = 1\,428{,}89$ cm²
$V_g = 5\,078{,}94$ cm³

12
$\frac{15}{\pi} = r^2 \Rightarrow r = 4{,}77\ [\text{cm}]$

13
a) r = 6 371,23 km
b) Er ist fast identisch
c) V = 1 083 323 067 317,04 km³

14
Bei einer Oberfläche von 1 590 m² benötigt der Ballon 5 961,56 m³ Helium.

13
a) O = 37 958 532,0 km²
b) O_V = 22 395 533,88 km²
c) x = 7,79%

14
O = 556,96 m²

Strategie: Zusammengesetzte Körper berechnen

128 Üben und anwenden

1
individuell

2
a) O = 1 357,2 cm² V = 3 619,1 cm³
b) O = 763,4 cm² V = 1 526,8 cm³

3
a) ① Würfel – Halbkugel
② Halbkugel + Kegel

b) ① O = 2 992,36 mm²
V = 6 836,48 mm³
② O = 25 765,96 mm²
V = 366 519,15 mm³

4
a) V = 977 160,98 mm³
O = 50 893,79 mm²
b) V = 47 333,33 mm³
O = 7 703,19 mm²
c) V = 1 173,28 mm³
O = 571,77 mm²
d) V = 393,75 mm³
O = 213,62 mm²
e) V = 2 294,41 mm³
O = 2 472,44 mm²
f) V = 720 471,92 mm³
O = 46 495,57 mm²

2
O = 179,07 cm² V = 197,92 cm³

3
a) ① Halbkugel – ½ Zylinder
② Halbkugel – Pyramide

b) ① O = 120 728,39 mm²
V = 2 911 302,86 mm³
② O = 122 890,04 mm²
V = 6 855 250,15 mm³

130 Vermischte Übungen

1
a) $V = 20\,579{,}53\ cm^3$
$O = 3\,631{,}58\ cm^2$
b) $r = 6{,}2\ cm$
$O = 483{,}60\ cm^2$

2
wahr

3
$V = 65\,449{,}85$ Liter

4
$V = 50\,025{,}97\ cm^3$

5
a)-c)
$V_{Kugel} = 7\,238{,}23\ cm^3$
$V_{Zylinder} = 10\,857{,}34\ cm^3$
$V_{Kegel} = 7\,238{,}23\ cm^3$
$V_{Kugel} = V_{Kegel} < V_{Zylinder}$

1
a) $V = 33{,}51\ cm^3$
$O = 50{,}27\ cm^2$
b) $V = 1051{,}31\ cm^3$

2
a) Der Umfang einer Kugel mit dem Radius r ist die Kreislinie die durch gegenüberliegende Punkte auf der Kreisoberfläche liegen wie z.B. durch die Pole oder dem Äquator der Erde.
b) $V = \frac{4}{3} \cdot r^2\,\pi$ $\quad r = \sqrt{\frac{200 \cdot 3}{4 \cdot \pi}}$
$r = 6{,}91\ cm$
$U = 2 \cdot \pi \cdot r$ $\quad U = 2 \cdot \pi \cdot 6{,}91\ cm$
$U = 43{,}42\ cm$

3
$V_{Kugel} = 268{,}08\ cm^3$
$V_{Schachtel} = 512\ cm^3$

4
a) $x \triangleq 243\,107{,}89$ Kugeln
⇨ 243 107 Kugeln
b) Falsch
Begründung:
$V_{Kugel} = 0{,}52\ cm^3$
⇨ $2000 \cdot V_{Kugel} > 1\ cm^3$

d)

	Schrägbild	Vorder- bzw. Seitenansicht	Draufsicht
Zylinder	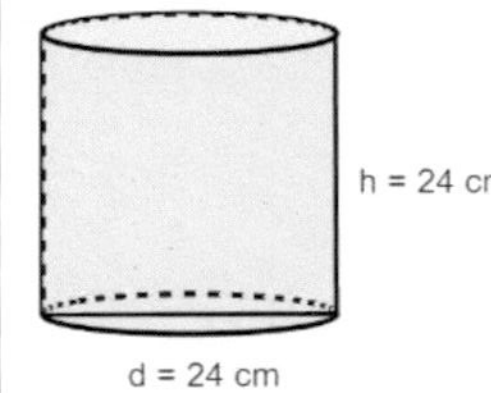	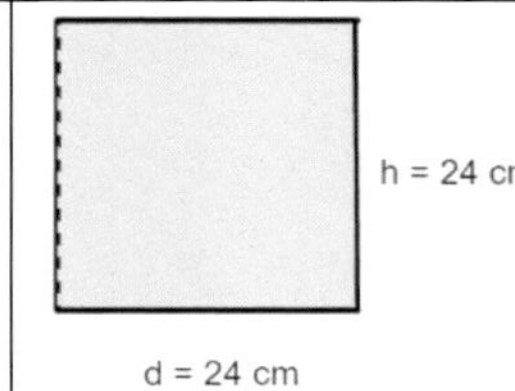	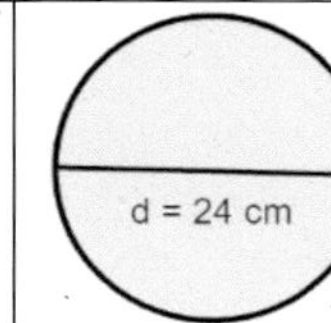
Kegel	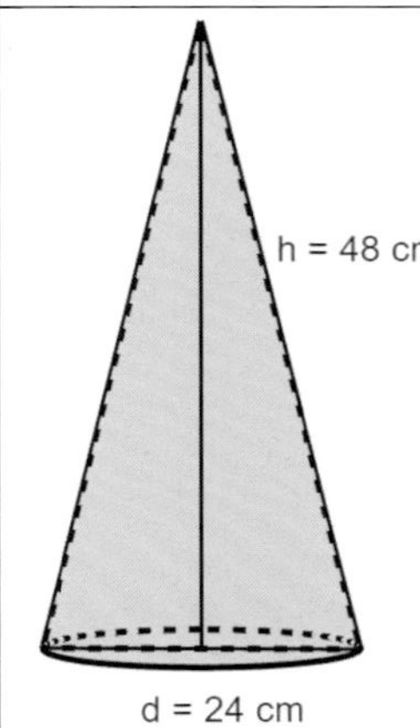	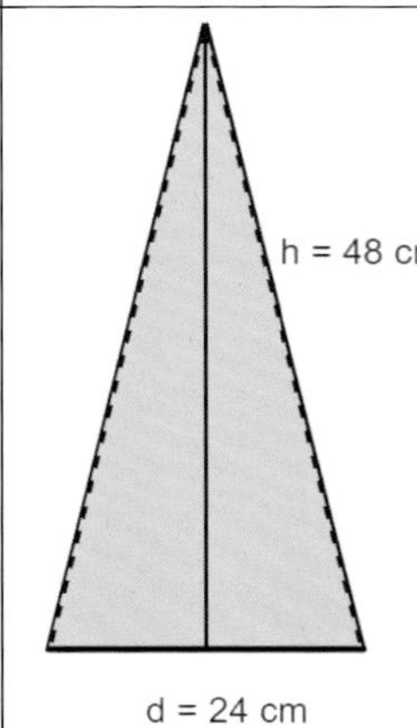	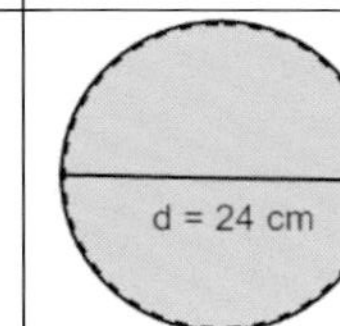

6
$O = 2\,945{,}07\ m^2$

6
a) $O_{Würfel} = 1\,350\ cm^2$
$O_{Kugel} = 706{,}86\ cm^2$
b) $x = 52{,}36\ \%$

131 **7**
a) Mindestbedarf $\approx 3\,000\,000\ cm^2$
$\triangleq 3\ km^2$
b) Polstermaterial: $2\,382\,005\ cm^3$

8
a) $V = 10\,490{,}3\ m^3$
b) $V = 57\,696{,}65\ m^3$ Gas
c) $t = 23{,}81$ Jahre

7
a) Verpackungsgröße: 12 cm x 8 cm x 4 cm
$O = 352\ cm^2$
b) $V_{Verpackung} = 384\ cm^3$
$V_{Bälle} = 201{,}06\ cm^3$
Unterschied = 52,36 %

8
a) $V_Ä = 1\,086\,979\,644\,750{,}8\ km^3 >$
$V_P = 1\,076\,037\,006\,570{,}07\ km^3$
b) $O_Ä = 510\,767\,323{,}48\ km^2 >$
$O_P = 507\,811\,185{,}637\ km^2$
c) $M = 5{,}958$ Trilliarden t

9
a) $V = 20,81\ m^3$
b) $d = 3,3m \Rightarrow V = 9,41\ m^3$
c) $V_{Eis} = 11,40\ m^3$

132 **10**
a) $V = 7\,068,58\ cm^3$
b) $O = 1\,413,72\ cm^2$
c) $m = 2025\ g$

11
a) $d = 1,88\ cm$
b) $O \approx \frac{U^2}{2}$

12
$x = 15,9\ cm$

13
a) $\alpha = 60°$
b) $r = 2,89\ cm$
c) $V_{Kugel} = 101,12\ cm^3$
$V_{Kegel} = 226,73\ cm^3$

9
a) $V_I = 4,19\ m^3$
b) $V_H = 0,59\ m^3$
c) $M = 4\,631,5\ kg$
d) $O = 13,72\ m^2$

10
$V = 0,137\ mm^3$
Das Innenvolumen der Blase ist 477736,11 mal größer als die Seifenlaugenhaut.

13
a)

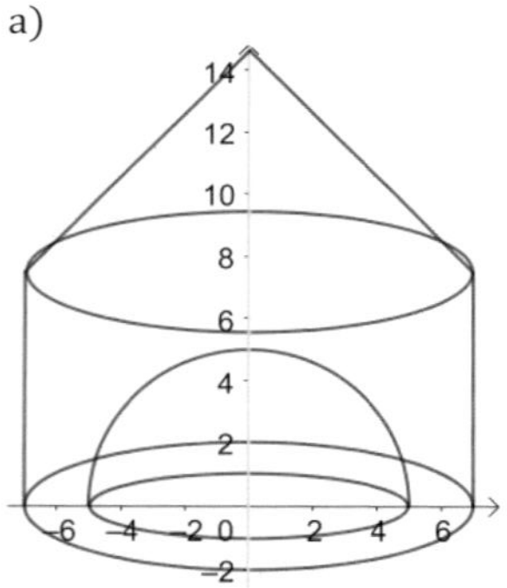

b) $M = 14,83\ kg$

Noch fit bei Basisaufgaben?

1
Füllung des Tanks: ⑤
Abnahme an Benzin im Tank: ②

2
$t = 12,22$ Minuten

Mehrstufige Zufallsexperimente
Mehrstufige Zufallsexperimente

137 Entdecken

1
a) Aus Platzgründen werden die Baumdiagramme hier nicht dargestellt.
b)
(1): Die Wahrscheinlichkeit für das Eintreten eines Ereignisses ist bei jedem Wurf gleich.:
(2): Die Wahrscheinlichkeit für das Eintreten eines Ereignisses nimmt bei jedem Zug zu.

138 Üben und anwenden

1
a) wahr
Begründung:
Zwei unabhängige Zufallsexperimente ohne zurücklegen.

b) wahr
Begründung:
Zwei unabhängige Zufallsexperimente ohne zurücklegen.

c) falsch
Begründung:
Einstufiges Zufallsexperiment
d) wahr
Begründung:
Vier unabhängige Zufallsexperimente ohne zurücklegen

2
a) 1 H, 1 T, 0 N   1 H, 0 T, 1 N
0 H, 2 T, 0 N   0 H, 1 T, 1 N
0 H, 0 T, 2 N
b) ohne Zurücklegen
Begründung:
Die Lose wurden nicht in die Trommel zurück gelegt.

1
a) wahr
Begründung:
Zwei unabhängige Zufallsexperimente ohne zurücklegen.
b) wahr
Begründung:
Drei unabhängige Zufallsexperimente ohne zurücklegen.
c) falsch
Begründung:
Einstufiges Zufallsexperiment
d) wahr
Begründung:
Sechs unabhängige Zufallsexperimente ohne zurücklegen
e) falsch
Begründung:
Einstufiges Zufallsexperiment

2

c)

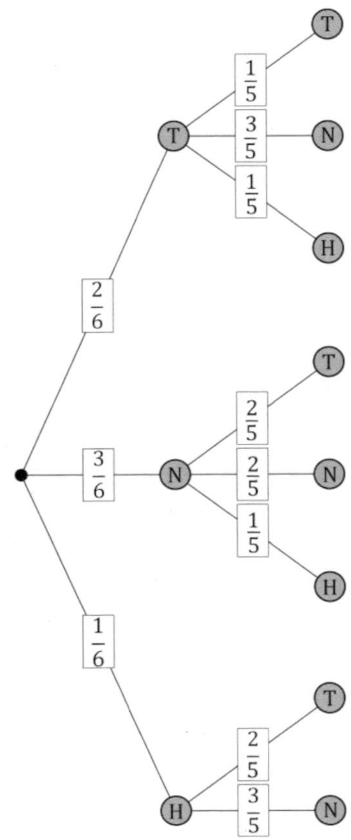

d) (1): $p = \frac{1}{6}$
(2): $p = \frac{1}{2}$

a)

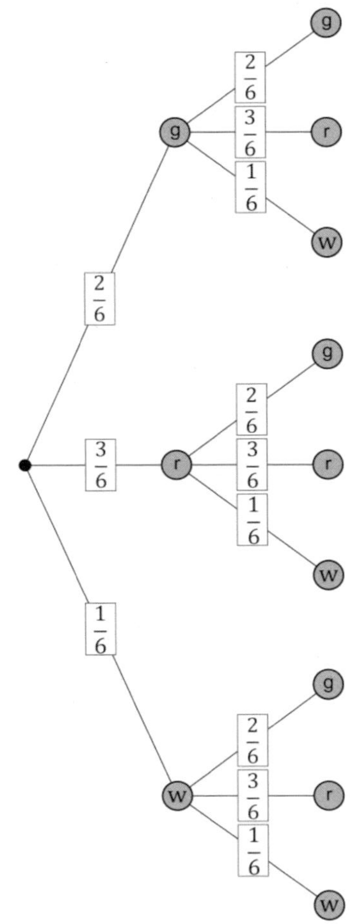

b)

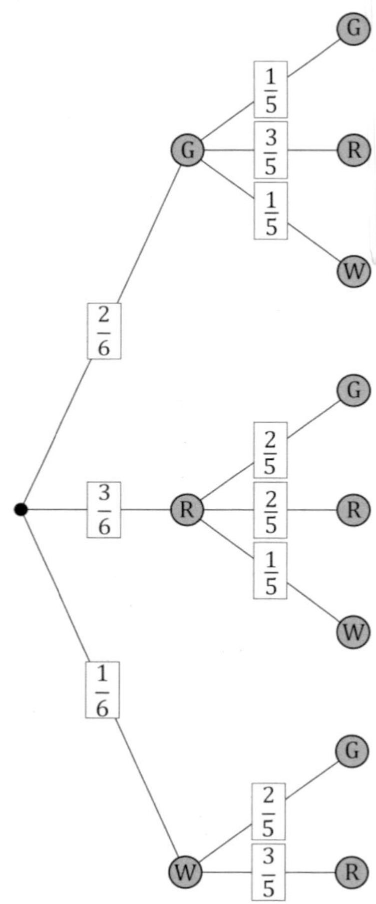

c) Die Kombination aus 2 Zufallsexperimenten ist noch nicht bekannt.

3

a) individuell.
Z.B. Lukas zieht aus dem verdecken Kartenspiel hintereinander 3 Karten. Er legt die Karte nach jedem Zug zurück.

b) individuell.
Z.B. Lukas zieht aus dem verdecken Kartenspiel hintereinander 3 Karten. Er behält die gezogene Karte.

4

a)

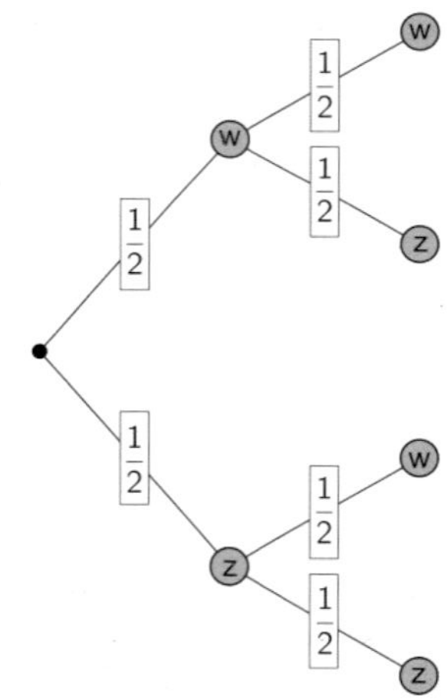

b)

4

a) 8 Ergebnisse

b)

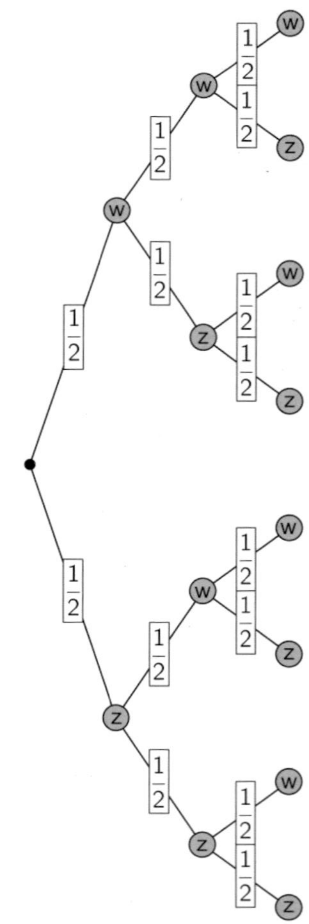

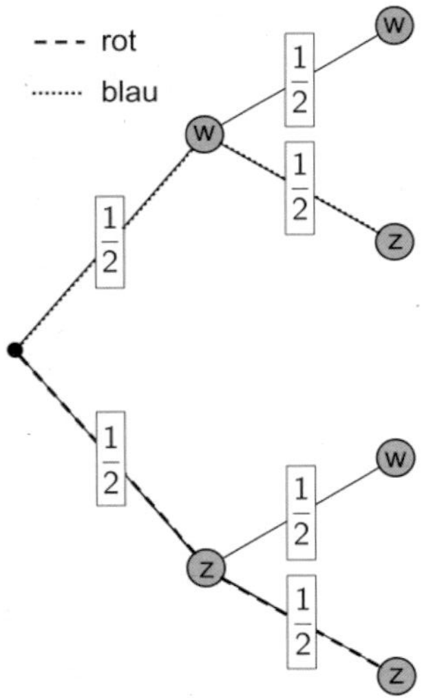

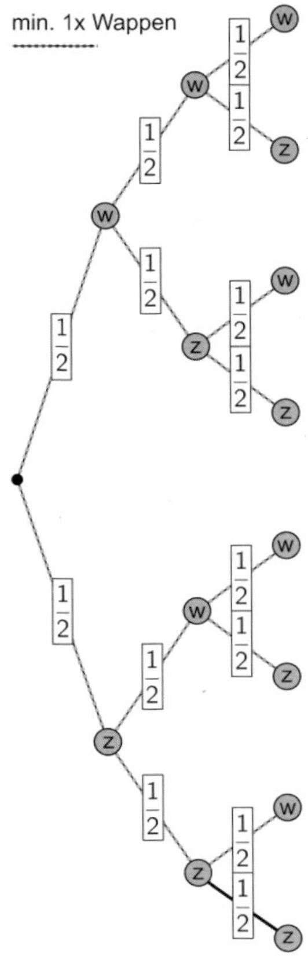

5

a) 9: 1 – 2 – 6; 1 – 3 – 5; 1 – 4 – 4; 1 – 5 – 3; 1 – 6 – 2; 2 – 1 – 6; 2 – 2 – 5
2 – 3 – 4; 2 – 4 – 3; 2 – 5 – 2; 2 – 6 – 1; 3 – 1 – 5; 3 – 2 – 4; 3 – 3 – 3
3 – 4 – 2; 3 – 5 – 1; 4 – 1 – 4; 4 – 2 – 3; 4 – 3 – 2; 4 – 4 – 1
5 – 1 – 3; 5 – 2 – 2; 5 – 3 – 1; 6 – 1 – 2; 6 – 2 – 1

10: 1 – 3 – 6; 1 – 4 – 5; 1 – 5 – 4; 1 – 6 – 3; 2 – 2 – 6; 2 – 3 – 5; 2 – 4 – 4
2 – 5 – 3; 2 – 6 – 1; 3 – 1 – 6; 3 – 2 – 5; 3 – 3 – 4; 3 – 4 – 3; 3 – 5 – 2
3 – 6 – 1; 4 – 1 – 5; 4 – 2 – 4; 4 – 3 – 3; 4 – 4 – 2; 4 – 5 – 1
5 – 1 – 4; 5 – 2 – 3; 5 – 3 – 2; 5 – 4 – 1; 6 – 1 – 3; 6 – 2 – 2; 6 – 3 – 1

b) Falsch
<u>Begründung:</u> Es gibt 25 Möglichkeiten die Zahl 9 zu erwürfeln, jedoch 27 Möglichkeiten für die Zahl 10.

Wahrscheinlichkeiten bei mehrstufigen Zufallsexperimenten: Die Produktregel

139 Entdecken

1

a) Die Hälfte der Hälfte ergibt $\frac{1}{4}$. Bsp.: Die Hälfte eines $\frac{1}{2}$ Apfels ist $\frac{1}{4}$ Apfel.

b) … das Produkt $\frac{1}{4}$

2

a) Ereignis „rot – rot“: 30; p = 15 %

b)

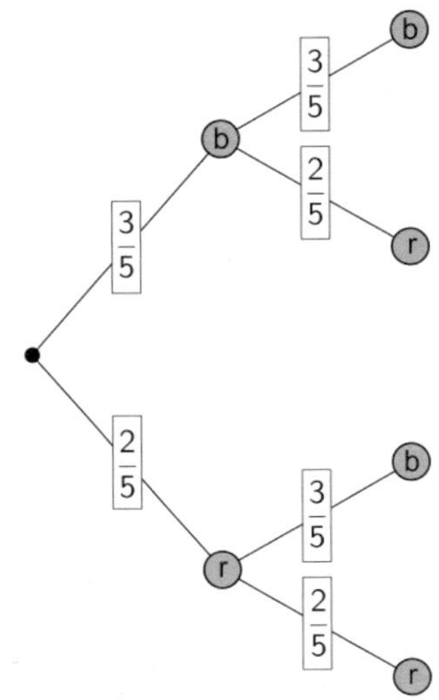

blau – blau: $\frac{9}{25}$ blau – rot: $\frac{6}{25}$

rot – blau: $\frac{6}{25}$ rot – rot: $\frac{4}{25}$

c) Gruppenarbeit

140 Üben und anwenden

1

a) $p = \frac{1}{100}$ b) $p = \frac{25}{100}$ c) $p = \frac{4}{100}$ d) $p = \frac{5}{100}$

2

a) $p = \frac{6}{20}$

b) $p = \frac{2}{20}$

c) $p = \frac{6}{20}$

d) $p = \frac{6}{20}$

3

②

<u>Begründung:</u>

$p = \frac{1}{4}$

3

a)

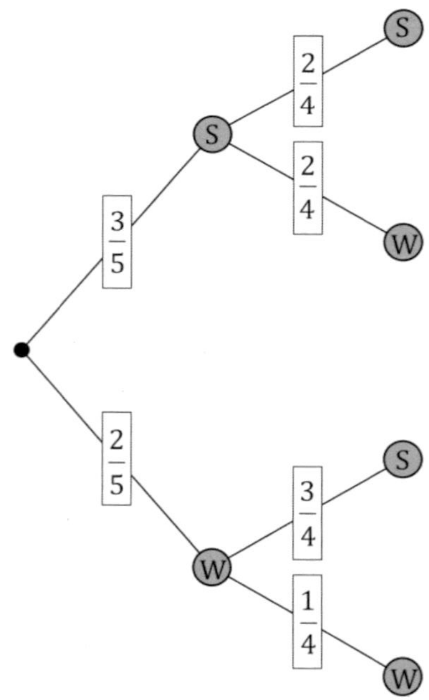

b) $p = \frac{6}{20}$

c)

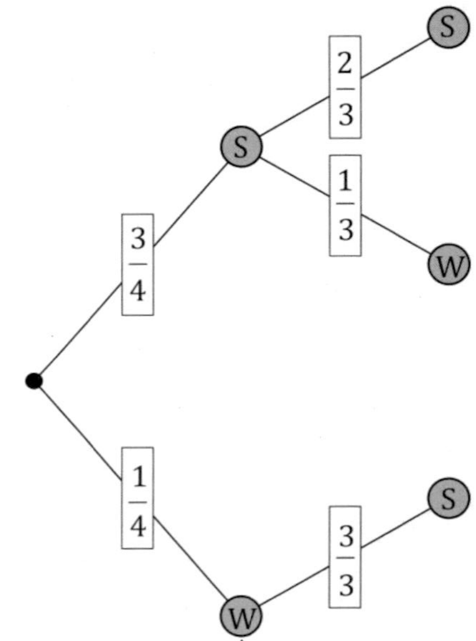

$p = \frac{6}{12}$

d) ①: ja

<u>Begründung:</u>

Bei beiden Zufallsexperimenten steht eine weiße Kugel zur Verfügung

②: nein

<u>Begründung:</u>

Wurde beim 1. Zufallsexperiment eine weiße Kugel gezogen, steht beim 2. Zufallsexperiment keine weiße Kugel mehr zur Verfügung.

4

a) In einer Urne liegen 4 grüne und 2 gelbe Kugeln. Es wird 2 Mal gezogen. Die gezogene Kugel wird nicht zurückgelegt.

b) In einer Urne liegen 7 grüne und 3 gelbe Kugeln. Es wird 2 Mal gezogen. Die gezogene Kugel wird zurückgelegt.

Wahrscheinlichkeiten bei mehrstufigen Zufallsexperimenten: Die Summenregel

141 Entdecken

1

a) … Wahrscheinlichkeit Pfad 1 + Wahrscheinlichkeit Pfad 2

b) Gruppenarbeit

c) „Zu den roten Pfaden gehören jeweils die Wahrscheinlichkeiten $\frac{1}{2} \cdot \frac{1}{2}$. Wenn ich sie addiere, dann erhalte ich $\left(\frac{1}{2} \cdot \frac{1}{2}\right) + \left(\frac{1}{2} \cdot \frac{1}{2}\right) = \frac{1}{2}$

2

$P_{alle} = \mathbf{1}$

142 Üben und anwenden

1

$p_1 = p_2 = \frac{3}{4} = 75\ \%$

2

Wahrscheinlichkeiten berechnen mit der Produkt- und Summenregel

1. Zerlege das mehrstufige Zufallsexperiment in Teilversuche und zeichne ein Baumdiagramm
2. Notiere die Wahrscheinlichkeiten als Brüche und Dezimalbrüche an den Ästen
3. Markiere die Pfade, die zu den gewünschten Ergebnissen führen. Berechne Ihre Wahrscheinlichkeiten mit der Produktregel.
4. Berechne die Wahrscheinlichkeit des Ergebnisses mit der Summenregel.

3

a) $p = \frac{19}{100} = 19\ \%$

b) $p = \frac{99}{100} = 99\ \%$

c) $p = \frac{1}{100} = 1\ \%$

3

b) $p = \frac{1}{2} = 50\ \%$

c) $p = \frac{1}{2} = 50\ \%$

4

a)

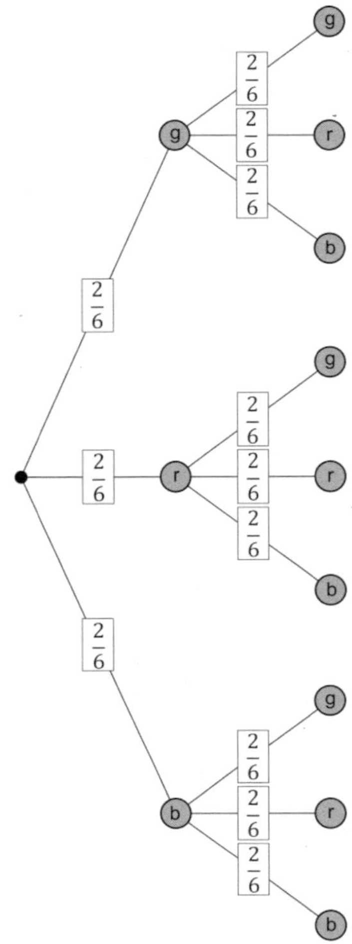

b) $p = \frac{8}{12} = 75\ \%$

c) verschiedenfarbige Kugeln

<u>Begründung:</u>

Die Wahrscheinlichkeit für gleiche Kugeln:

$p = \frac{4}{12} = 25\ \%$

a)

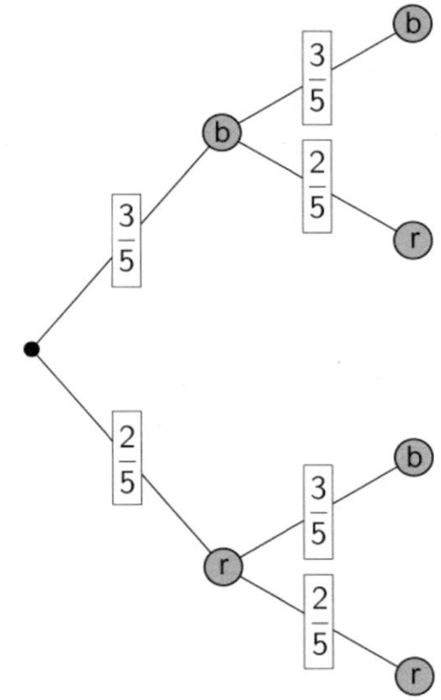

b) ① $p = \frac{12}{100} = 12\ \%$

② $p = \frac{60}{100} = 60\ \%$

③ $p = \frac{48}{100} = 48\ \%$

④ $p = \frac{64}{100} = 64\ \%$

c) ②, ③, ④

<u>Begründung:</u>

Es gibt Ereignisse auf beiden Pfaden.

5

a)

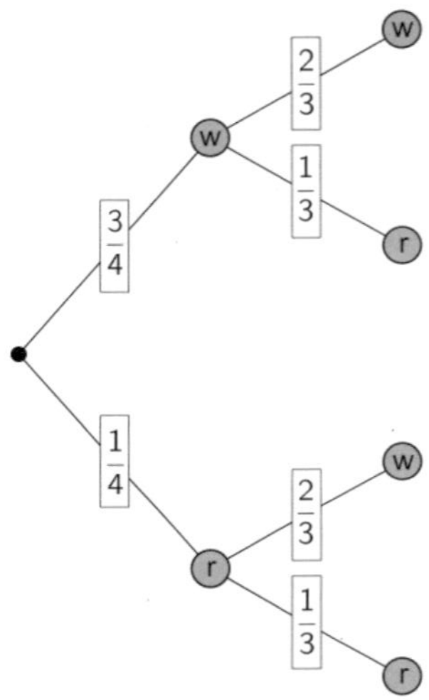

b) $p = \frac{1}{12} = 8{,}33\ \%$

c) $p = \frac{5}{12} = 41{,}67\ \%$

Anzahlen bestimmen

143 Entdecken

1

a) System: $4 \cdot 3 \cdot 2 \cdot 1 = 24$

b) Es gibt $4 \cdot 3$ Möglichkeiten

144 Üben und anwenden

1

Richtig: b, c, d

2

Es gibt 120 Möglichkeiten

2

Es gibt 720 Möglichkeiten

3

a) Es gibt 120 Möglichkeiten

b) Es gibt 20 Möglichkeiten

4

Es gibt 60 Möglichkeiten, denn $\frac{5!}{(5-3)!} = 60$

4

Es gibt 181 440 Möglichkeiten, denn $\frac{9!}{(9-7)!} = 181\,440$

5

a) $\frac{6!}{(9-6)!} = 120$ Möglichkeiten

b) $\frac{7!}{(9-7)!} = 2520$ Möglichkeiten

5

a) 1 906 560Möglichkeiten

b) $p = \frac{1}{11\,793\,600}$

6

a) 720 mögliche Reihenfolgen
b) 120 mögliche Reihenfolgen
c) 30 mögliche Reihenfolgen

6

a) 19 656 Möglichkeiten
b) ① 19656 Möglichkeiten
② 8424 Möglichkeiten
③ 2880 Möglichkeiten

7

a) 5er-Reihe: Es gibt 100 000 Möglichkeiten
4er-Reihe: Es gibt 10 000 Möglichkeiten
b) Gruppenarbeit
c) 6er-Reihe: Es gibt 1 000 000 Möglichkeiten
7er-Reihe: Es gibt 10 000 000 Möglichkeiten

145 8

a) Es gibt 3 628 800 Möglichkeiten
b) Es gibt 40 322 Möglichkeiten

8

a) $p = \frac{1}{504}$

b) Ja, doch sie benötigt dazu 168 Tipp-scheine.

9

a) Der Wert verkleinert sich.
b) Der Wert vergrößert sich.
c) Der Wert verkleinert sich.
d) Nein

Noch fit?

1

a) G = 83 736 Ausbildungsplätze
b) Industrie und Handwerk: p =57,03 %;
c) G = 513 465,78 Ausbildungsplätze

2

①unendlich viele Lösungen ② keine Lösung ③ eine Lösung

3

a) r = 150 cm; b) h_k = 84,9 cm; s = 15,8 cm; c) V = 20 m^3

4

a) ③

b) $a \times b = \frac{30}{2n} \times \frac{18}{2n}$

148 Vermischte Übungen

1
E; F; C; D; A = B

2
a) $p = \frac{1}{3}$ b) $p = \frac{1}{3}$ c) $p = \frac{1}{3}$

3
a) $p = \frac{3}{40}$ b) $p = \frac{19}{40}$ c) $p = \frac{21}{40}$

4
$p = \frac{12}{25}$

5
a)

4
a)

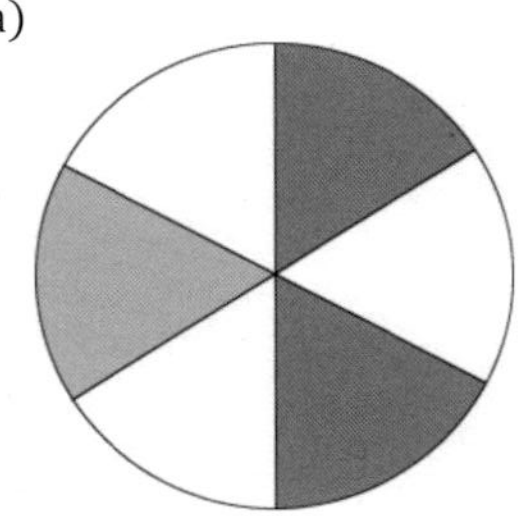

b)
$p = \frac{15}{36}$

5
a)

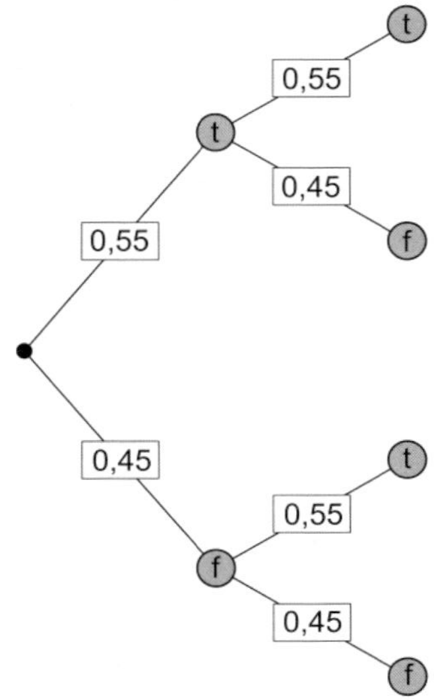

b) ① $p = 0,3$ ② $p = 0,5$

149 6
a)

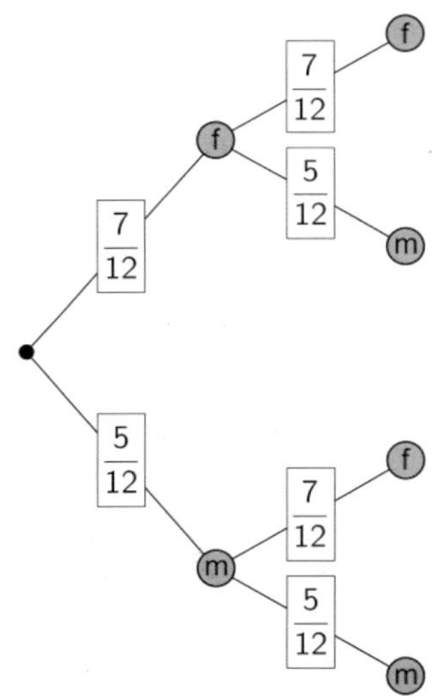

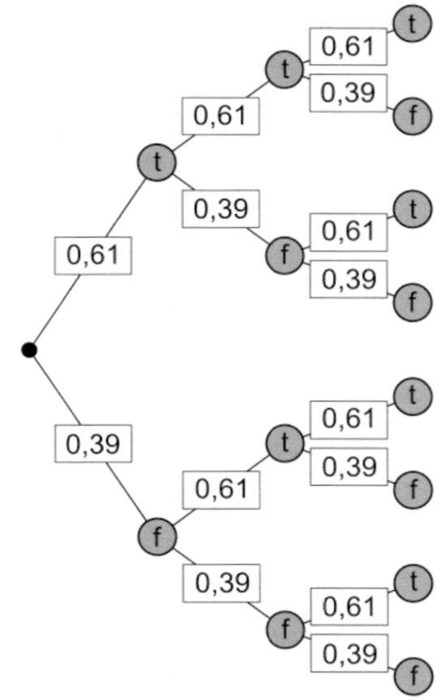

b) $p = 0,23$
c) ① $p = 0,15$ ② $p = 0,66$

6
- $x = 5$ Kugeln

b) gelb: 3 Kugeln; blau: 2 Kugeln
c) ① $p = 0,3$ ② $p = 0,1$
d) Nach der 1. Ziehung liegen 4 Kugeln im Gefäß
c) In einem Gefäß liegen 3 gelbe und 2 blaue Kugeln. Es gibt 2 mal ohne zurücklegen gezogen.

b) ① $p = 0{,}17$ ② $p = 0{,}49$

7

a) – c) individuell

8

a) – c) falsch: $p = \frac{15}{36}$

Begründung:

$\frac{5}{36} + \frac{4}{36} + \frac{3}{36} + \frac{2}{36} + \frac{1}{36} = \frac{15}{36}$

9

a) E = {6 Kopf, 4 Rücken, 770 Seitenlage, 220 stehend}

c) Kopf: $p = \frac{216}{1\,000\,000\,000}$; Rücken: $p = \frac{1169}{1\,000\,000\,000}$

d) $p = \frac{999\,998\,615}{1\,000\,000\,000}$

e) $p = 0{,}46$

150 **10**

$p = \frac{1}{144}$

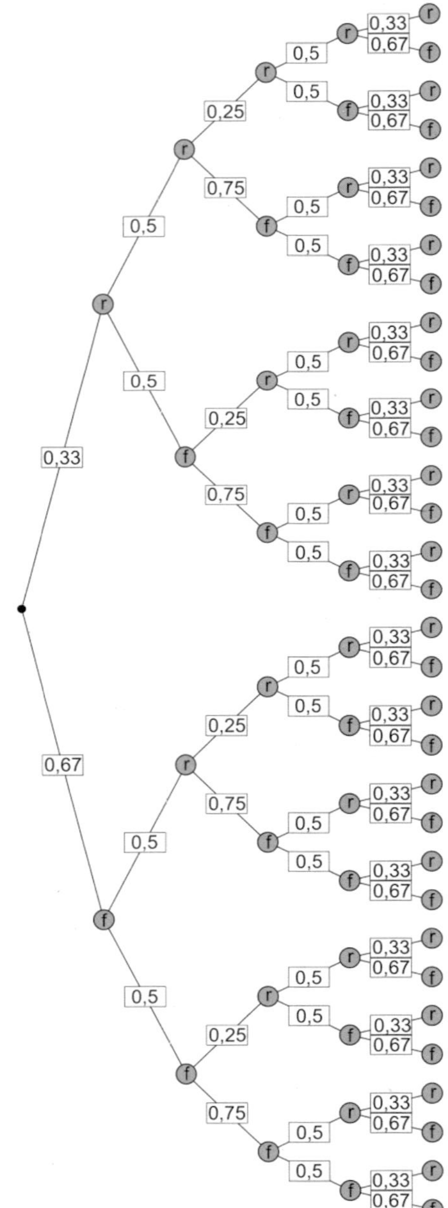

11

a) Raum1: 1 Weg; Raum2: 2 Wege; Raum3: 3 Wege

b) $p = \frac{2}{6}$

c) Raum1: $p = \frac{1}{6}$ Raum3: $p = \frac{3}{6}$

d) $\frac{1}{6} + \frac{2}{6} + \frac{3}{6} = 1$

12

a)

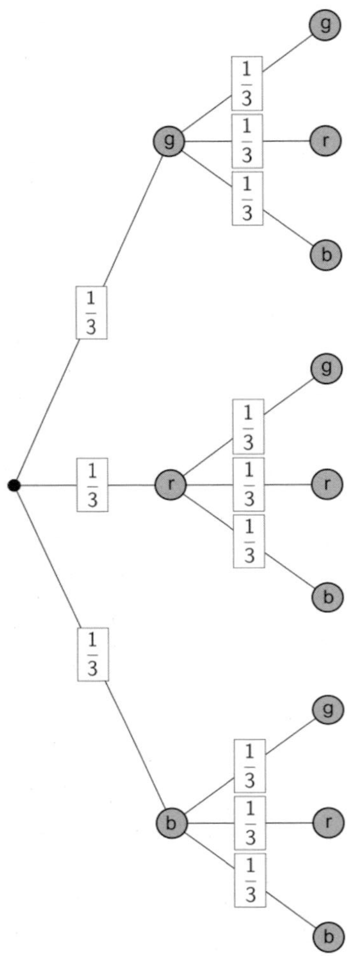

b) Es gibt 9 Möglichkeiten.

12

1 Hose; 24 T-Shirts
2 Hosen; 12 T-Shirts
3 Hosen; 8 T-Shirts
4 Hose; 6 T-Shirts
6 Hose; 4 T-Shirts
8 Hose; 3 T-Shirts
12 Hose; 2 T-Shirts
24 Hose; 1 T-Shirts

13

Falsch

<u>Begründung:</u>
Wenn die Klasse 20 SchülerInnen hat, gibt es 20 Möglichkeiten den Kassensprecher/ die Klassensprecherin zu wählen.
Anschließend bleiben nur noch 19 SchülerInnen: Also: $20 \cdot 19 = 380$ Möglichkeiten.

14

a) Es gibt 24 Möglichkeiten.
b) Sie bleibt gleich.

15

Es gibt $8 \cdot 8 = 64$ Möglichkeiten, da der 2. Drehknopf unabhängig von der Einstellung des 1. Drehknopfes 8 Möglichkeiten aufweist.

Quadratische Funktionen und Gleichungen

Quadratische Funktionen

155 **Entdecken**

1

a)

Seitenlänge x in m	0	1	2	3	4
Flächeninhalt y in m²	0	1	4	9	16

b)

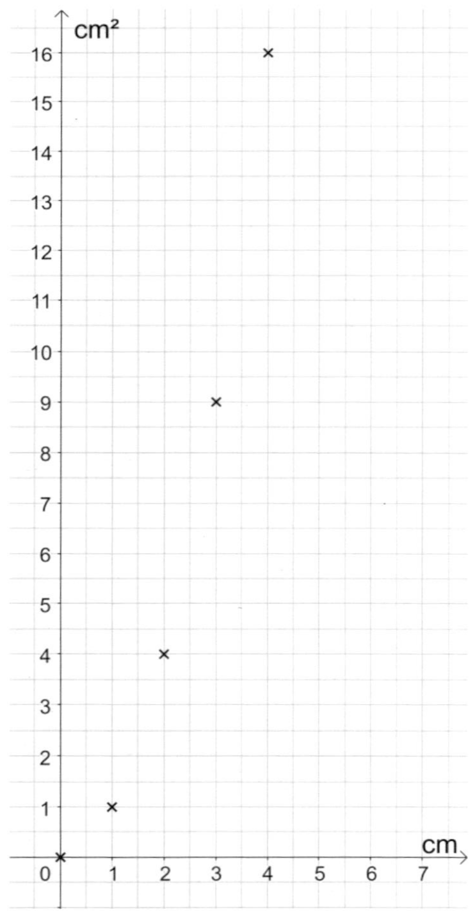

c) Gruppenarbeit: z.B. Kurve, Nullpunkt: (0|0)

d) $y = (n+1)^2$

15. Figur: 256 Kästchen

32. Figur: 1089 Kästchen

Ja, die 21. Figur.

d) Gruppenarbeit

2

a) ①, ④

b) ② Der Graph g ist nach oben geöffnet. Scheitelpunkt S = (−2|0)

③ Der Graph g ist nach unten geöffnet. Scheitelpunkt S = (1|−2)

c)

	−3	−2	−1	0	1	2	3
④ $y = 2x - 3$	−9	−7	−5	−3	−1	1	3
② $y = x^2 - 2$	7	2	−1	−2	−1	2	7
Ⓖ $y = x^2 + 2x + 1$	4	1	0	1	4	9	16
Ⓕ $y = x^2 + 4x$	−3	−4	−3	0	5	12	21
① $y = -4x + 1$	13	9	5	1	−3	−7	−11
③ $y = -(x+2)^2 + 1$	0	1	0	1	−8	−15	−24

① m ist negativ; y-Achsenabschnitt: 1

② Scheitelpunkt S = (0|−2)

③ Scheitelpunkt S = (−2|1)

④ m ist positiv; y-Achsenabschnitt: −3

d)

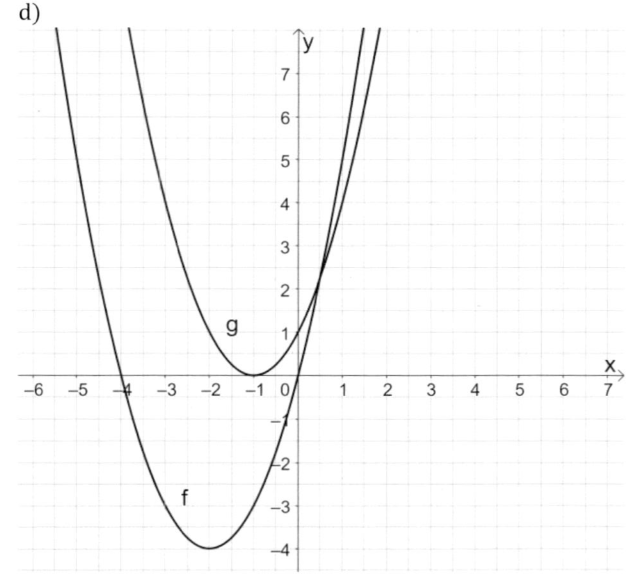

e) Gruppenarbeit

157 Üben und anwenden

1

a)

①:f; ②: g

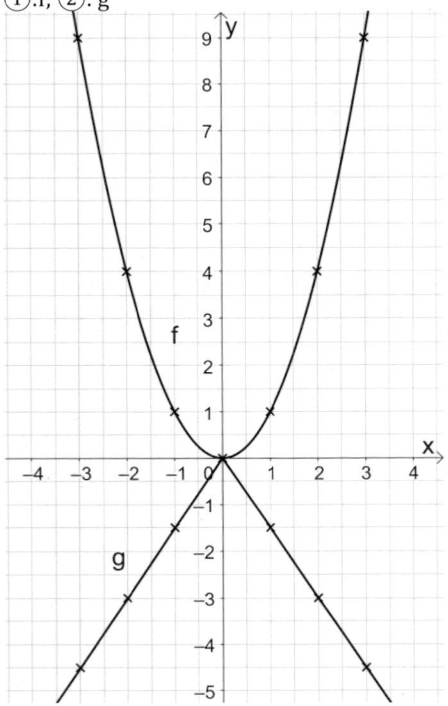

b) ①: quadratisch
<u>Begründung</u>:
Die y-Werte steigen exponentiell.
②: linear
<u>Begründung:</u>
Die y-Werte fallen rechts und links vom Nullpunkt der x-Achse jeweils um den gleichen Wert.

1

a)

①:f; ②: g; ③: h

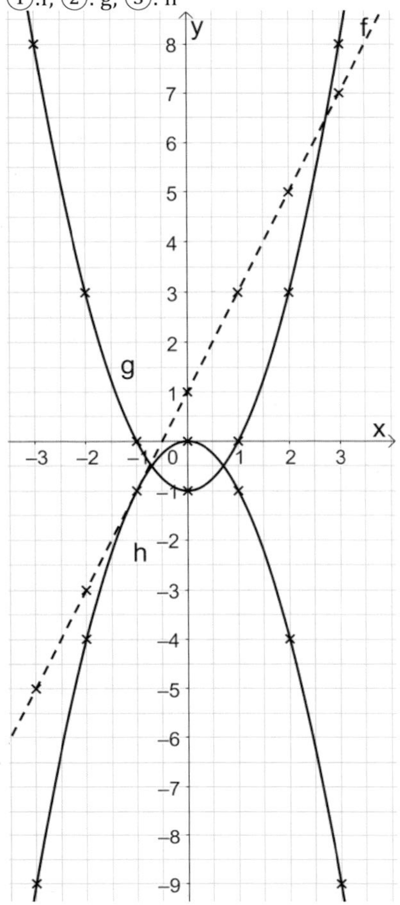

①; ③: quadratisch
<u>Begründung</u>:
Die y-Werte steigen/ fallen exponentiell.
②: linear
<u>Begründung:</u>
Die y-Werte steigen jeweils um den gleichen Wert.

2

a) p_1, p_3: quadratische Funktion
p_2, p_4: lineare Funktion

b)

x	− 2	−1	0	1	2
y	−2	1	2	1	−2

3

a) quadratische Funktion
<u>Begründung:</u>
- x^2 ⇨ Parabel.

b) lineare Funktion
<u>Begründung:</u>
- x ⇨ lineare Funktion

c) quadratische Funktion
<u>Begründung:</u>
- x^2 ⇨ Parabel.

d) quadratische Funktion
<u>Begründung:</u>
- x^2 ⇨ Parabel.

e) linare Funktion
<u>Begründung:</u>
- kein x ⇨ Parallele zur y-Achse

f) exponentielle Funktion
<u>Begründung:</u>
- x^5

2

p_1: ③
<u>Begründung:</u>
- x^2 ⇨ Parabel.
- Sie ist positive ⇨ Öffnung nach oben.
- Der Scheitelpunkt ist der Koordinatenursprung ⇨ kein Achsenabschnitt,

p_2: ②
<u>Begründung:</u>
- x ⇨ lineare Funktion
- m: positive ⇨ Gerade steigt
- Achsenabschnitt bei y=1

p_3: ①
<u>Begründung:</u>
- x^2 ⇨ Parabel.
- Sie ist negativ ⇨ Öffnung nach unten.
- Der Scheitelpunkt y= 2 ⇨ Achsenabschnitt in der Funktionsgleichung

p_4: ④
<u>Begründung:</u>
- x ⇨ lineare Funktion
- m: negativ ⇨ Gerade fällt
- Achsenabschnitt bei y= −2

3

a) lineare Funktion
<u>Begründung:</u>
- x ⇨ lineare Funktion

b) quadratische Funktion
<u>Begründung:</u>
- x^2 ⇨ Parabel.

c) quadratische Funktion
<u>Begründung:</u>
- x^2 ⇨ Parabel.

d) lineare Funktion
<u>Begründung:</u>
- x ⇨ lineare Funktion

e) quadratische Funktion
<u>Begründung:</u>
- x^2 ⇨ Parabel.

f) exponentielle Funktion
<u>Begründung:</u>
- x^3

4
a) wahr
b) wahr
c) falsch
d) wahr
e) falsch
f) wahr

4
a) P(0|0)
b) Q(2|4)
c) R(−3|9)
d) F(2|4)
e) y kann nicht negativ sein
f) H(4|16)
g) S(−16|256)
h) T(1,2|1,44)
i) V(0,8|0,64)

5
a) $p = 5$; $q = 1$; Öffnung der Parabel: oben
b) $p = -2$; $q = 7$; Öffnung der Parabel: oben
c) $p = -27$; $q = -82$; Öffnung der Parabel: unten
d) $p = -1$; $q = 18$; Öffnung der Parabel: unten
e) $p = 2$; $q = -5$; Öffnung der Parabel: oben
f) $p = -1$; $q = 6$; Öffnung der Parabel: unten

158 **6**
a) p_1: nach oben geöffnet; Scheitelpunkt P(−3|1)
p_2: nach oben geöffnet; Scheitelpunkt P(0|−3)
p_3: nach oben geöffnet; Scheitelpunkt P(0|0); Normalparabel
p_4: nach oben geöffnet; Scheitelpunkt P(0|4)
p_5: nach unten geöffnet; Scheitelpunkt P(0|−3)
p_6: nach unten geöffnet; Scheitelpunkt P(4|0)
b) – d) Gruppenarbeit

Weiter gedacht

1
a) Scheitelpunkt: jeweils (0/0); y-Werte g= 2 · y-Werte f.
b)

x	−3	−2	−1	0	1	2	3
p_1: y	9	4	1	0	1	4	9
p_2: y	18	8	2	0	2	8	18

y-Werte g= 2 · y-Werte f.

2
a)

x	−3	−2	−1	0	1	2	3
p_3: y	4,5	2	0,5	0	0,5	2	4,5

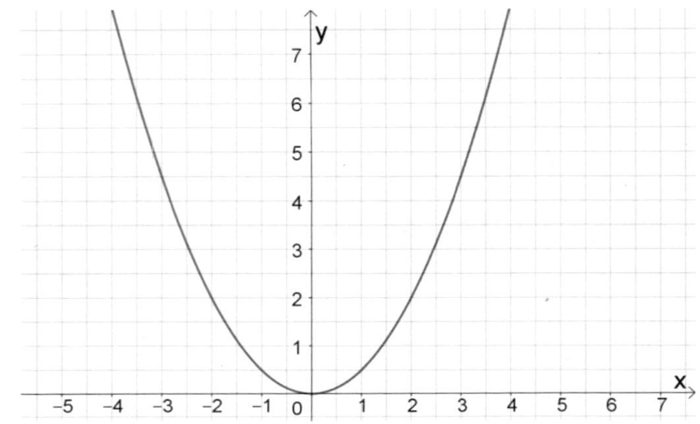

b) <u>Gemeinsamkeiten:</u>
- Scheitelpunkt: S(0|0)
- nach oben geöffnet

<u>Unterschiede:</u>
- Steigung

c) Veränderung der Steigung.
d) Je größer der Faktor vor dem x^2, desto kleiner ist die Öffnung.
Je kleiner der Faktor vor dem x^2, desto größer ist die Öffnung.

Die Scheitelpunktform quadratischer Funktionen

159 Entdecken

1

a)

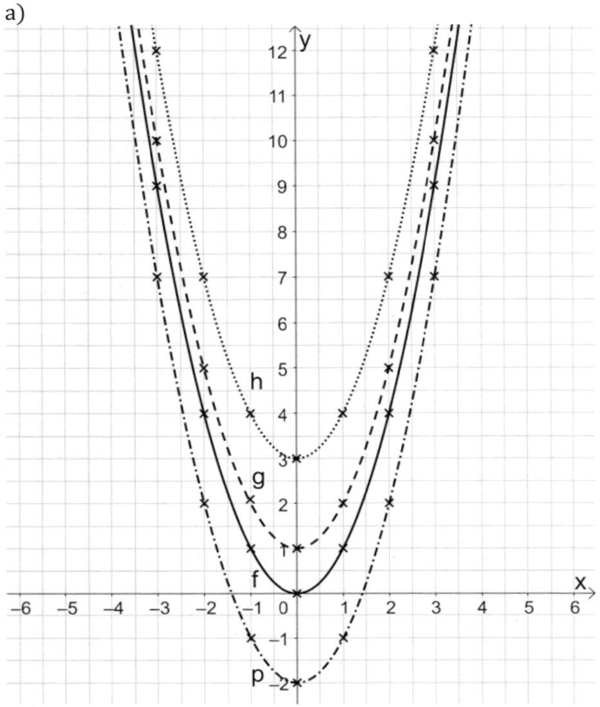

b)

x	–3	–2	–1	0	1	2	3
$y = x^2$	9	4	1	0	1	4	9
um 1 nach oben	10	5	2	1	2	5	10
um 3 nach oben	12	7	4	3	4	7	12
um 2 nach unten	7	2	–1	–2	–1	2	7

c) g: $y = x^2 + 1$
h: $y = x^2 + 3$
p: $y = x^2 - 2$

2

a)

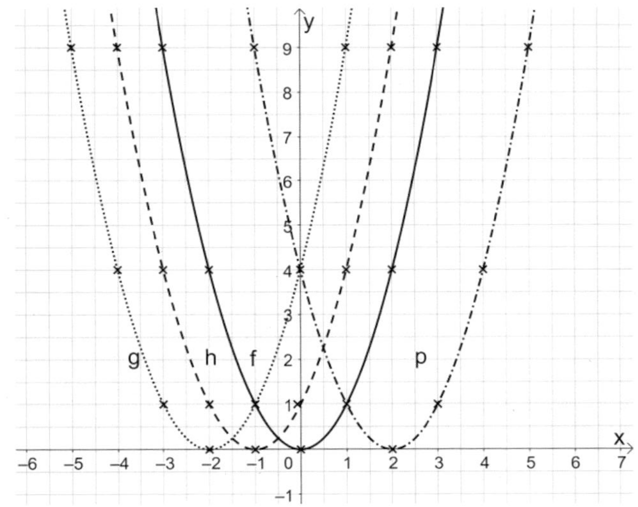

b)

x	–3	–2	–1	0	1	2	3
$y = x^2$	9	4	1	0	1	4	9
um 1 nach links	4	1	0	1	4	9	16
um 2 nach links	1	0	1	4	9	16	25
um 2 nach rechts	25	16	9	4	1	0	1

c) g: $y = (x + 2)^2$
h: $y = (x + 1)^2$
p: $y = (x - 2)^2$

3

Wenn die Normalparabel um n nach oben verschoben wird, dann wird der Achsenabschnitt n zu x^2 addiert $y = x^2 + n$.
Wenn die Normalparabel um n nach unten verschoben wird, dann wird der Achsenabschnitt n von x^2 subtrahiert $y = x^2 - n$.
Wenn die Normalparabel um n nach rechts verschoben wird, dann wird n von x subtrahiert $y = (x - n)^2$
Wenn die Normalparabel um n nach links verschoben wird, dann wird n zu x addiert $y = (x + n)^2$.

4

a) p1: $y = (x+2)^2 + 2$ p4: $y = (x+1)^2 - 3$
   p2: $y = (x-1)^2 + 4$ p3: $y = (x-2)^2 - 1$

b) p1: $y = (x+2)^2 + 2$: S(−2|2)   p4: $y = (x+1)^2 - 3$: S(−1|−3)
   p2: $y = (x-1)^2 + 4$: S(1|4)   p3: $y = (x-2)^2 - 1$: S(2|−1)

161 Üben und anwenden

1

① Verschiebung in Richtung der y-Achse, um 0,5 Einheiten nach unten: $y = x^2 - 0{,}5$
② Verschiebung in Richtung der y-Achse, um 1,5 Einheiten nach oben: $y = x^2 + 1{,}5$
③ Verschiebung in Richtung der x-Achse, um 2,5 Einheiten nach rechts: $y = (x - 2{,}5)^2$
④ Verschiebung in Richtung der x-Achse, um 4 Einheiten nach links: $y = (x + 4)^2$

2

③

3

a) S (1|1); $y = (x-1)^2 + 1$
b) S (−1|−2); $y = (x+1)^2 - 2$
c) S (−2|3); $y = -(x+2)^2 + 3$
d) S (3|−3); $y = (x-3)^2 - 3$
e) S (1|4); $y = -(x-1)^2 + 4$
f) S (0|4); $y = -x^2 + 4$
g) S (−2,5|−0,5); $y = (x+2{,}5)^2 - 0{,}5$
h) S (−2|1,5); $y = -(x+2)^2 + 1{,}5$

4

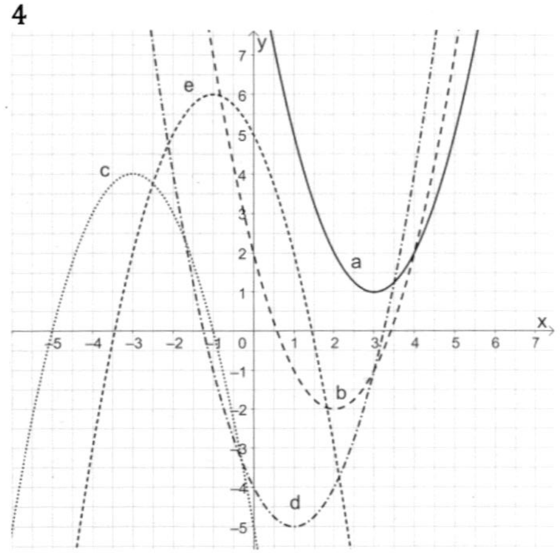

2

- nach oben geöffnet
- Die Parabel wird in jedem Schritt um 1 cm nach rechts sowie 1 cm nach oben verschoben.
- individuell

4

a) $y = (x-2)^2 - 4$
b) $y = (x+6{,}5)^2 + 5$
c) $y = -(x-12)^2 + 3$
d) $y = (x-1{,}2)^2 - 4{,}5$
e) $y = -(x-1{,}5)^2 - 8$
f) $y = -(x-14)^2 + 28{,}5$

a) $y = (x-3)^2 + 1$
b) $y = (x-2)^2 - 2$
c) $y = -(x+3)^2 + 4$
d) $y = (x-1)^2 - 5$
e) $y = -(x+1)^2 + 6$

162 5

a) S (1|−1)	4. Quadrant
b) S (−2|−4)	3. Quadrant
c) S (−5|−2)	3. Quadrant
d) S (4|1)	1. Quadrant
e) S (−2,5|−4)	3. Quadrant
f) S (1,5|0)	1. Quadrant

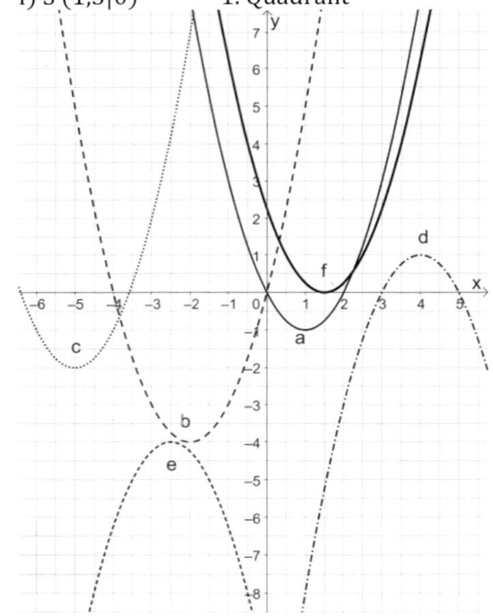

5

a) S (2|−1)	4. Quadrant
b) S (−2|3)	2. Quadrant
c) S (−4,5|−3)	3. Quadrant
d) S (0|1)	1./2. Quadrant
e) S (−2,5|−4)	3. Quadrant
f) S (−3,5|0)	2. Quadrant

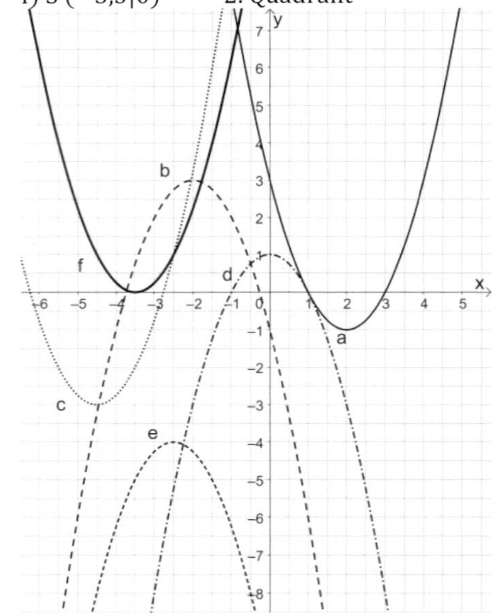

6

a) S (0|0)	$y = (x-2)^2 + 3$
b) S (0|0)	$y = -(x+4)^2 - 3$
c) S (0|4)	$y = -(x+1)^2 + 4$
d) S (2|0)	$y = (x-2)^2 - 4$
e) S (1|0)	$y = -(x+1)^2$
f) S (0|−3)	$y = -x^2$

6

a) S (1|1)	$y = (x-3)^2 + 4$
b) S (2|−6)	$y = (x-4)^2 - 2$
c) S (6|4)	$y = -(x-12)^2 + 6$
d) S (−7|4)	$y = -x^2$
e) S (6|4)	$y = -(x-11)^2 + 5$
f) S (2|−6)	$y = (x-7)^2 - 5$

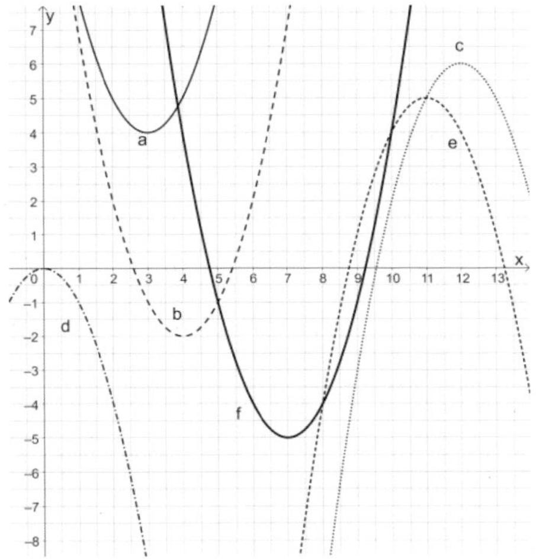

7

a) p': $y = (x + 2)^2 + 1$
Veränderung an der Gleichung: Die Subtraktion im Quadrat wird zur Addition.
Öffnung der Parabel: Die Öffnung bleibt gleich.

b)

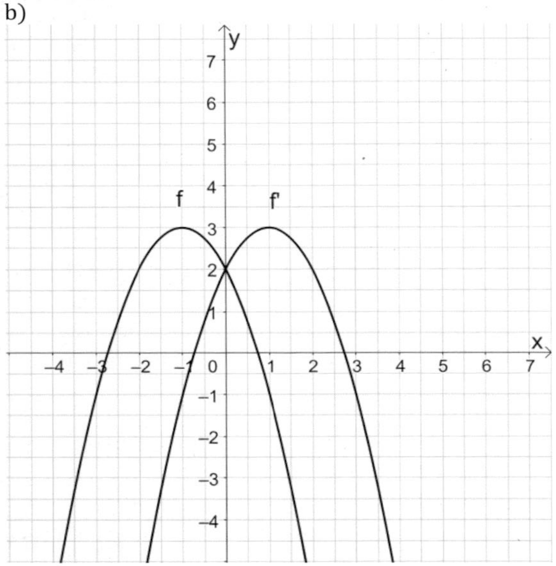

c) p: $y = (x - x_S)^2 + y_S$ ⇨ Spiegelung an der y-Achse ⇛ p': $y = (x + x_S)^2 + y_S$

8

a) Amid spiegelt den Scheitelpunkt an der x-Achse. Danach zeichnet er die Parabel mit der Öffnung nach unten.

b) p': $y = (x - 2)^2 - 1$
Veränderung an der Gleichung: Beim Achsenabschnitt verändert sich das Vorzeichen.
Öffnung der Parabel: Die Öffnung verändert sich.

c)

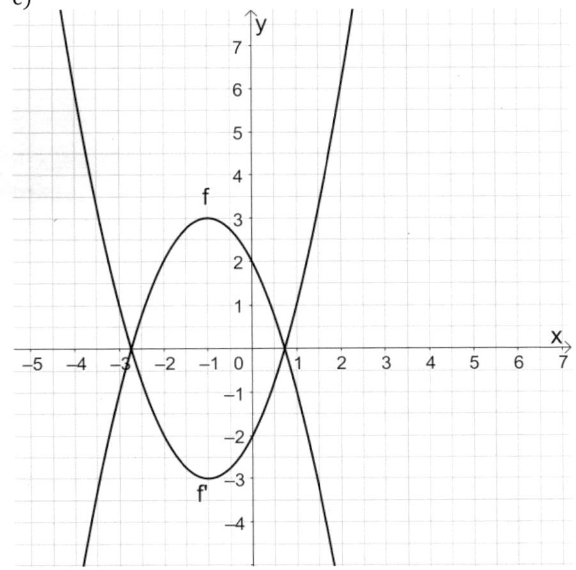

d) p: $y = (x - x_S)^2 + y_S$ ⇨ Spiegelung an der x-Achse ⇛ p': $y = -(x - x_S)^2 - y_S$

Die Normalform quadratischer Funktionen

163 Entdecken

1

a)

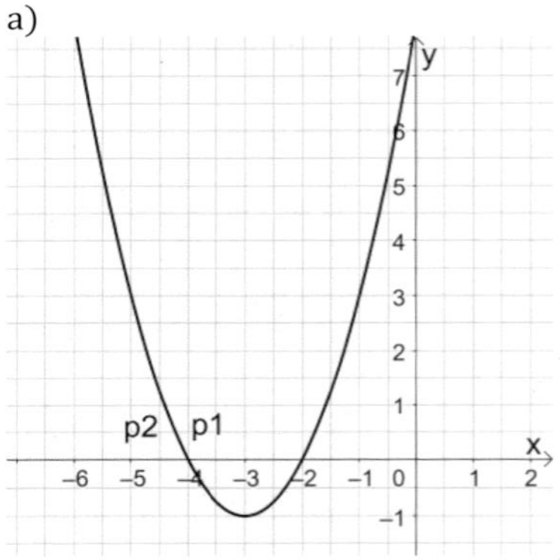

b) $p_1 = p_2$

Begründung:

Binomische Formel: $(x+3)^2 = x^2 + 6x + 8$

c) verschiedene Graphen

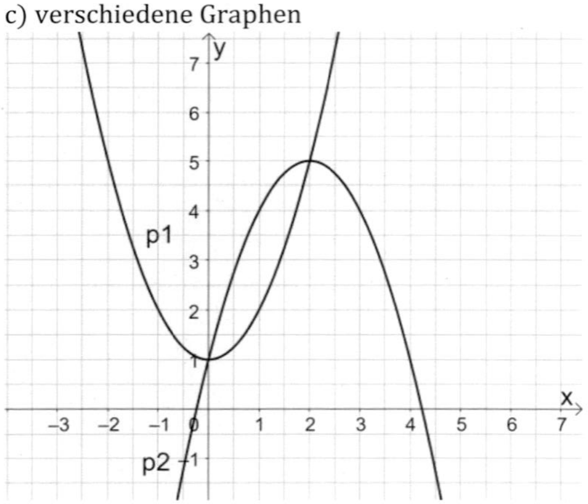

2

$y = (x+4)^2 - 3$

$y = x^2 + 8x + 4^2 - 3$

$y = x^2 + 8x + 16 - 3$

$y = x^2 + 8x + 13$

3

a) $y = x^2 + 10x + 32$

b) $y = x^2 - 10x + 34$

c) $y = x^2 + 2x + 1$

d) Der Scheitelpunkt liegt auf der x-Achse.

4

individuell

5

A: ③/ a

B: ①/ b

C: ②/ d

D: ④/ c

6

S_1: $y = (x-1)^2 + 2$	$y = x^2 - 2x + 3$
S_2: $y = (x-2)^2 + 1$	$y = x^2 - 4x + 5$
S_3: $y = (x+1)^2 + 2$	$y = x^2 + 2x + 3$
S_4: $y = (x-2)^2 - 1$	$y = x^2 - 4x + 3$
S_5: $y = (x+1)^2 - 2$	$y = x^2 + 2x - 1$
S_6: $y = (x+2)^2 - 1$	$y = x^2 + 4x + 3$

165 Üben und anwenden

1

f: $y = (x+3)^2 - 2$	$y = x^2 + 6x + 7$
g: $y = (x-2)^2 + 2$	$y = x^2 - 4x + 6$
h: $y = -(x+1)^2 + 3$	$y = -x^2 - 2x + 1$
p: $y = (x+1{,}5)^2 - 2$	$y = x^2 + 3x + 0{,}25$
q: $y = -(x-1{,}5)^2 + 3$	$y = -x^2 + 3x + 0{,}75$

2

a) $y = x^2 + 6x + 21$

b) $y = x^2 + 5x + 5{,}25$

c) $y = x^2 - 20x + 101$

d) $y = x^2 - 26x + 142$

e) $y = -x^2 - 4x + 6$

f) $y = -x^2 + 12x - 33$

2

a) $y = x^2 + 1\frac{1}{2}x - 1\frac{7}{16}$

b) $y = -x^2 + 2{,}4x + 1{,}56$

c) $y = -x^2 + 4{,}2x - 1{,}41$

d) $y = x^2 - 3x + 1{,}25$

e) $y = x^2 - x + \frac{1}{4}$

f) $y = -x^2 + 5x - 6$

3

a) $y = x^2 + 8x + 4^2 - 4^2 - 1$

b) $y = x^2 - 6x + 9 - 9 + 11$
$y = (x - 3)^2 + 2$

c) $y = x^2 + 3x + 2{,}25 - 2{,}25 - 6$
$y = (x + 1{,}5)^2 - 3{,}75$

d) $y = x^2 - 10x - 5$
$y = x^2 - 10x + 25 - 25 - 5$
$y = (x - 5)^2 - 30$

e) $y = x^2 - 5x + 6{,}25 - 6{,}25 + 6{,}25$
$y = (x - 2{,}5)^2$

f) $y = x^2 + 8x + 15$
$y = x^2 + 8x + 16 - 16 + 15$

4

a) $y = (x + 1)^2 + 7$
b) $y = (x + 4)^2 - 23$
c) $y = (x - 5)^2 - 90$
d) $y = -(x - 0{,}5)^2 + 1{,}75$
e) $y = (x - 1{,}5)^2$
f) $y = (x + 2{,}5)^2 + 4{,}25$

5

$y = (x^2 + 8x + 16) - 16 + 17$
$y = (x + 4)^2 + 1$
S (−4|1)

6

a) $4 = (3 - 4)^2 + 3$ ⇨ wahr
$4 = 9 - 12 + 7$ ⇨ wahr

b) Gruppenarbeit

166 **7**

a) S_1 (−3|0) S_2 (− 1|0)
S_3 (1|2) S_4 (3|0)

b) P: y_1
R: y_2
Q: y_3

8

Öffnung nach oben: 1 Parabel
Öffnung nach unten: 1 Parabel

4

a) $y = (x + 1)^2 + 7$
b) $y = -(x + 2{,}5)^2 + 4$
c) $y = -(x + 1)^2 + 1$
d) $y = (x - 2{,}5)^2$
e) $y = -(x + 0)^2 + 8$
f) $y = -\left(x + \frac{1}{4}\right)^2 - \frac{1}{8}$

7

a) S_1 (2|1) S_2 (2|0)
S_3 (−3|1) S_4 (−3|3)

b) y_1 ⇨ P (2|1) Q (16|5)
y_2 ⇨ P (2|−4) Q (2,24|5)
y_3 ⇨ P (2|26) Q (−1|5)
y_4 ⇨ P (2|−22) Q: nicht möglich

9

Scheitelpunktform
Beispiel individuell

10

Wahr
Beispiel individuell

11

a) $y = x^2 - 6x + 10$
b) $y = x^2 - 4x + 9$
c) $y = x^2 + 18x + 83$
d) $y = x^2 + 10x + 18$
e) $y = x^2 - 5x + 5{,}25$
f) $y = x^2 + 17$
g) $y = x^2 + 6x + 8$
h) $y = x^2 - 24x + 144$
i) $y = x^2$

11

a) $y = x^2 - 2x + 10$
$y = -x^2 + 2x - 8$

b) $y = x^2 - 4x + 5{,}5$
$y = -x^2 + 4x - 2{,}5$

c) $y = x^2 + 18x + 81$
$y = -x^2 - 18x - 81$

d) $y = x^2 + 30x + 218$
$y = -x^2 - 30x - 232$

e) $y = x^2 - 5x + 1{,}25$
$y = -x^2 + 5x - 3{,}25$

f) $y = x^2 + 17$
$y = -x^2 + 17$

12

a) S (2|−3) $y = x^2 - 4x + 1$
b) S (−1,5|0,5) $y = x^2 + 3x + 2{,}25$
c) S (1|0,5) $y = x^2 + 2x + 1{,}5$
d) S (−0,5|−2,5) $y = x^2 + x - 2{,}25$

13

a) Nein, da die x-Werte fehlen
b) Nein, da die y-Werte fehlen

14

a) wahr b) wahr c) falsch
d) falsch e) wahr f) falsch

Strategie: Gleichungen quadratischer Funktionen aufstellen

168 Üben und anwenden

1

a) $y = x^2 - 6x + 7$

b)

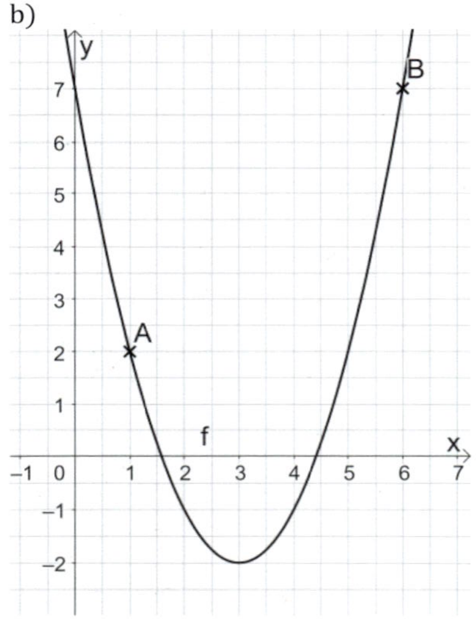

c) $y = (x-3)^2 - 2$

d) S(4|11)

$y = -x^2 + 8x - 5$ $\qquad$ $y = -(x-4)^2 + 11$

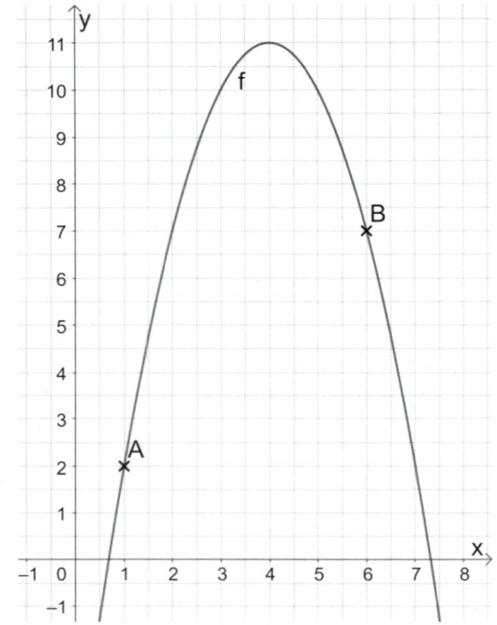

2

a) $y = x^2 + 1{,}5x + 0{,}5$

b) $y = x^2 - 2x + 4$

c) $y = x^2 + 5x + 6$

d) $y = x^2 - 15x - 8$

e) $y = x^2 + 0{,}3x + 0{,}3$

f) $y = x^2 - 2x + 1$

3

a) $y = -x^2 + 10x - 20$

b) $y = -x^2 + 6$

c) $y = -x^2$

d) $y = -2x^2 + 3x + 7$

e) $y = -x^2 - 10x + 1$

f) $y = -x^2 - 2x + 4$

4

a) p_1: $y = x^2 + 4x + 6$

p_2: $y = -x^2 + 3x - 2$

b) S_1 (−2|2); $\qquad$ $y = (x+2)^2 + 2 \Rightarrow y = x^2 + 4x + 6$

S_2 (−3|7); $\qquad$ $y = -(x+3)^2 + 7 \Rightarrow y = -x^2 + 3x - 2$

5

a) $y = x^2 + 6x + 7$ — R_1 liegt auf der Funktion f(x)
b) $y = x^2 - 2x + 2$ — R_2 liegt nicht auf der Funktion f(x)
c) $y = x^2 - 6x + 13$ — R_3 liegt auf der Funktion f(x)
d) $y = x^2 - 1$ — R_4 liegt nicht auf der Funktion f(x)

6

a) ①: Hannah setzt die Punkte in die allgemeine Funktionsgleichung ein.
②: Hannah subtrahiert auf beiden Seiten der Gleichung die einzelnen Elemente.
③: Hannah fasst alles zusammen und löst die Gleichung.
b) Die Subtraktion führt dazu, dass nur noch über 1 Variabel verfügt.
Begründung: individuell
c) $y = x^2 - 10x + 26$

Quadratische Gleichungen lösen

169 Entdecken

1

27 Reihen mit jeweils 27 Karten. Es bleibt kein Rest.

2

a) $L = \{-3; 3\}$
Begründung:
- Das Quadrat der negativen und der positiven Zahl ist positiv
- „Minus mal Minus ergibt Plus"

b) $L = \{-7; 7\}$
Begründung:
- Das Quadrat der negativen und der positiven Zahl ist positiv
- „Minus mal Minus ergibt Plus"

c) $L = \{-9; 9\}$
Begründung:
- Das Quadrat der negativen und der positiven Zahl ist positiv
- „Minus mal Minus ergibt Plus"

d) $L = \{\,\}$
Begründung:
Es gibt keine Zahl, die mit sich selber multipliziert eine negative Zahl ergibt.

e) $L = \{-6; 6\}$
Begründung:
- Das Quadrat der negativen und der positiven Zahl ist positiv
- „Minus mal Minus ergibt Plus"

f) $L = \{0\}$

3

a) $x = \sqrt{144}$ ⇨ $x = \pm 12$
b) $L = \{\,\}$
c) $x = \sqrt{4}$ ⇨ $x = \pm 2$
d) $x = \sqrt{9}$ ⇨ $x = \pm 3$
e) $x = \sqrt{169}$ ⇨ $x = \pm 13$

170 Üben und anwenden

1

$81 = x^2$ — $L = \{-9; 9\}$
$x^2 - 36 = 0$ — $L = \{-4; 4\}$
$-1 = x^2$ — $L = \{\}$
$81 + 2x^2 = x^2 + 250$ — $L = \{-13; 13\}$
$-x^2 = 0$ — $L = \{0\}$
$-361 = -x^2$ — $L = \{-19; 19\}$

2

a) $L = \{-18; 18\}$
b) $L = \{-9; 9\}$
c) $L = \{-3; 3\}$
d) $L = \{\}$
e) $L = \{-11; 11\}$
f) $L = \{-5; 5\}$
g) $L = \{-3; 3\}$
h) $L = \{-\frac{1}{2}; \frac{1}{2}\}$
i) $L = \{-\frac{1}{3}; \frac{1}{3}\}$
j) $L = \{\,\}$
k) $L = \{-1{,}5; 1{,}5\}$
l) $L = \{\,\}$

3

a) a= 24m
b) $L = \{-25; 24\}$
c) Es sind keine negativen Zahlen möglich.

4

A in cm²	20	40	60	80	100
r in cm	2,52	3,57	4,37	5,05	5,64

5

a) $x^2 + 15 = 240$
b) $x^2 + 65 = 960$ 690

2

a) $L = \{-6{,}48; 6{,}48\}$
b) $L = \{-2; 2\}$
c) $L = \{\,\}$
d) $L = \{-6; 6\}$
e) $L = \{-2{,}83; 2{,}83\}$
f) $L = \{0\}$

5

a) $4x^2 - 17 = 239$
b) $\frac{3x^2}{12} - 24 = 57$

6

a) y_1: $x_1 = -1$; $x_2 = 1$
y_2: $x_1 = 0$
y_3: $x_1 = -2$; $x_2 = 2$
y_4: $x_1 = -3$; $x_2 = 3$
b) wahr

7

a) L = {−4; 4}
b) L = {−6; 6}
c) L = {−2; 2}

Die p-q-Formel und quadratische Ergänzung

171 Entdecken

1

a) $0 = (x+4)^2 - 25$ |+ 25
$25 = (x+4)^2 - 25 + 25$ |√
$\pm 4 = x + 4$ |+ 25
$x_1 = -9$; $x_2 = 1$
Probe: $0 = (1+4)^2 - 25$; $0 = (-9+4)^2 - 25$;
b) ①: L = {−11; −3}
②: L = {−13; 11}
③: L = {−33; 31}
c) Gruppenarbeit: Scheitelpunktform

2

a) $0 = (x+1)^2$
$x = -1$
Wahr: Die Lösungsmenge hat 1 Element
b) In Aufgabe hatte die Lösungsmenge 2 Elemente, in diesem Fall der einen binomischen Formel jedoch nur 1 Lösung
c) ①: L = {−2}
②: L = {10}
③: L = {−2,5}

3

a) Diese Gleichung hat nicht die Form der binomischen Formel.
b) Gruppenarbeit
c) $x^2 + 6x - 91 = 0$ |+ 91
$x^2 + 6x = 91$ |+ 9
$x^2 + 6x + 9 = 91 + 9$ |bin. Formel
$(x+3)^2 = 100$ |√
$x + 3 = \pm 10$
$x_1 = -13$; $x_2 = 7$
L = {−13; 7}

4

a) Ablesen der x-Werte auf der x-Achse.
L = {−1; 3}
b)

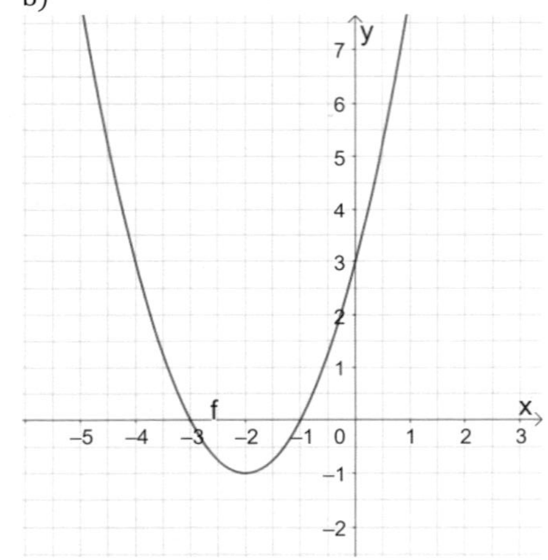

$x_1 = -3$; $x_2 = -1$
Probe:
$0 = (-1+2)^2 - 1$
$0 = 1 - 1$
$0 = 0$

174 Üben und anwenden

1

a) ①: L = {−1; −9}
②: L = {−13; 1}
③: L = {−1; 6}
b) ①: L = {−11; −1}
②: L = {1; −27}
③: L = {−1; 4}
c) – d) individuell

2

a) L = {−8; 2}
b) L = {− 5; 2}
c) L = {−1; −9}
d) L = {−5; 3}
e) L = {1; 2}
f) L = {−1,8; 3}
g) L = {−3,5; 20,5}
h) L = {−3,2; 0,4}
i) L = {−37; 1}

3

Durch 2 Proben: Es werden die Ergebnisse für x_1 und x_2 in die Quadratische Gleichung eingegeben. Ist das Ergebnis nach dem Umformen in der Form 0=0, so ist die Lösung richtig.

4

a) L = {−6; 5}
b) L = {− 5; − 1}
c) L = {−2; 6}
d) L = {−10; −2}
e) L = {−5; −1}
f) L = {−1; 9}

4

a) L = {−12; 2}
b) L = { 4,4; 165,60}
c) L = {−6; 2}
d) L = {−10; −2}
e) L = {−5; 2}
f) L = {−5; 7}
g) L={−12; 2}

5

a) L = {1; 5}
b) wahr
c) L = {−5; −3}

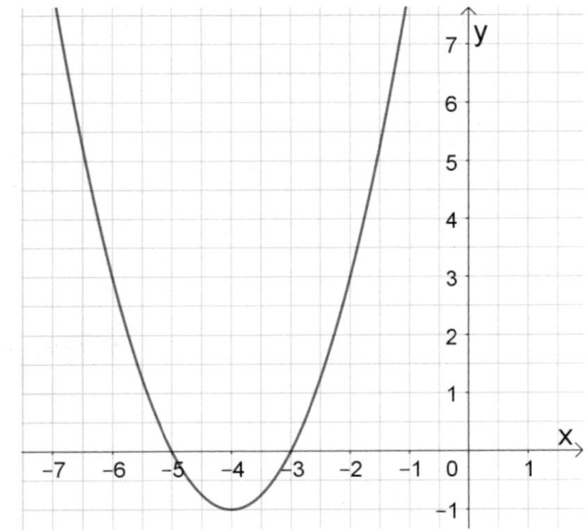

6

①: B
②: C
③: A
④: D

175 7

a) L = {−17; 17}
b) L = {(24, 25)}
c) L={(30, 31)}

8

Karina: 17 Jahre
Tom: 21 Jahre

9

a = 3,1 cm

10

a) L = {−1; 2}
b) L = {− 0,5; 3}
c) L = {−2; 10}
d) L = {5; 9}

6

a) $0 = x^2 - 10x + 21$
b) $0 = x^2 - x - 30$
c) $0 = x^2 + 8x + 16$
d) $0 = x^2 - 4x + 32$

7

a) L = {(64, 65); (−64, −65)}
b) L = {10; 12}

8

R= 36,21 cm

9

L = {7,5|6; 9|4,5}

10

a) L = {−1,29; 9,29}
b) L = {− 0,32; 0,32}
c) L = {−2; 6}
d) L = {2}

11

a) $(x+3)^2 - 121 = 0$
$x^2 + 6x + 9 - 121 = 0$
$x^2 + 6x + 9 - 112 = 0$
$p = 6; \quad q = -112$
$x_{1/2} = -\frac{6}{2} \pm \sqrt{\frac{6^2}{2} + 112}$
$x_{1/2} = -3 \pm \sqrt{121}$
$x_1 = -14; \quad x_2 = 8$

b) $(x+3)^2 - 121 = 0 \quad | +121$
$(x+3)^2 - 121 + 121 = 121$
$(x+3)^2 = 121 \quad |$ 1. bin. Formel auflösen
$x + 3 = \pm 11$
$x_1 = -8; \quad x_2 = 14$

12

$x^2 + px + q = 0 \quad | -q$
$x^2 + px = -q \quad | + \left(\frac{p}{2}\right)^2$ quadratische Ergänzung
$x^2 + px + \left(\frac{p}{2}\right)^2 = \left(\frac{p}{2}\right)^2 - q \quad |$ Umformen der 1. bin. Formel
$\left(x + \frac{p}{2}\right)^2 = \left(\frac{p}{2}\right)^2 - q \quad | \sqrt{}$
$x + \frac{p}{2} = \sqrt{\left(\frac{p}{2}\right)^2 - q} \quad | -\frac{p}{2}$
$x_{1/2} = -\frac{p}{2} \pm \sqrt{\left(\frac{p}{2}\right)^2 - q}$

13

a) L = {0; 18}
b) L = {0; – 4,5}
c) L = {–3; 0}
d) L = {0; 0,7}

176 **14**

a) L = {(8|16); (16|8)}
b) L = {(7|21); (21|7)}
c) L = {(5|5)}

15

U = 72 cm A= 108 cm²

16

x = 24 Schüler

17

a) ① Definitionsmenge bestimmen
② Bruch auflösen
b) Der Nenner im Bruch darf nicht „0" werden.
c) L = {(–1|3)}
d) L = {(–1,9|5,24)}

18

a) D = ℝ\ {0; –3}; L = {–2; 6}
b) D = ℝ \ {4}; L = {1; 2}
c) D = ℝ \ {3,5}; L = {–0,5; 5,5}
d) D = ℝ \ {1; –3}; L = {–15; –1}

18

a) D = ℝ\ {0; 6}; L = {–18; 2}
b) D = ℝ \ {1; 2}; L = {0; 3}
c) D = ℝ \ {–1; 0; 2}; L = {5}
d) D = ℝ \ {–4; $\frac{2}{3}$}; L = {0; –10}

19

a) D = ℝ\ {3}; L = {–6; 3}
b) D = ℝ \ {0;6}; L = {–18; 2}
c) D = ℝ \ {0;1}; L = {0; 1}

20

a) x = 2
b) L = {–8; 2}
c) L = {–8; 4}

Werkzeug: Nullstellen und Achsenschnittpunkte

178 Üben und anwenden

1

a) L = {–1; 2}
b) L = {1; 2}
c) L = {0,5; 4,5}

2

a) wahr
b) keine Nullstellen
c) $x_1 = 3; \quad x_2 = 5$

3

a) Nullstellen: $x_1 = -6; \quad x_2 = 4$
Schnittpunkt mit y-Achse: y = –24
b) Nullstellen: $x_1 = 5; \quad x_2 = 9$
Schnittpunkt mit y-Achse: y = –45

c) Nullstellen: $x_1 = 3{,}4$; $x_2 = -19{,}3$
Schnittpunkt mit y-Achse: y = 64
d) Nullstellen: $x_1 = -9$; $x_2 = -7$
Schnittpunkt mit y-Achse: y = 63

4
Als Nullstelle wird der Schnittpunkt einer Parabel mit der x-Achse bezeichnet. Der entsprechende Ausschnitt ist nicht sichtbar.
$x_1 = -1{,}7$; $x_2 = 2{,}35$
Der Fehler resultiert aus ungenauem Ablesen.

5
① $y = -x^2 + 4x - 3$
② $y = x^2 - 2x + 6$
③ keine Lösung

6
a) 2 Nullstellen
b)

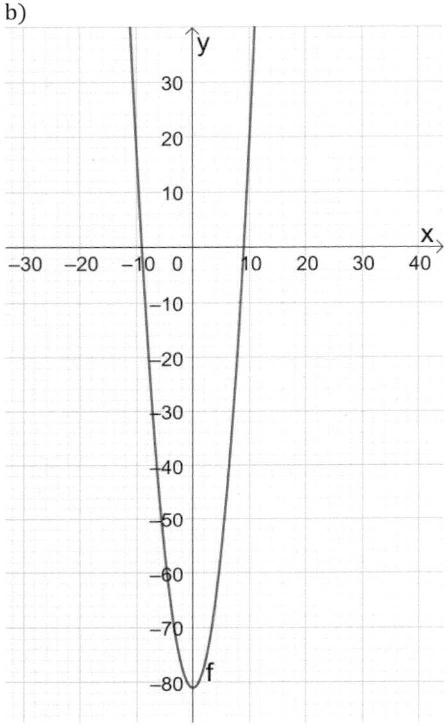

6
a)

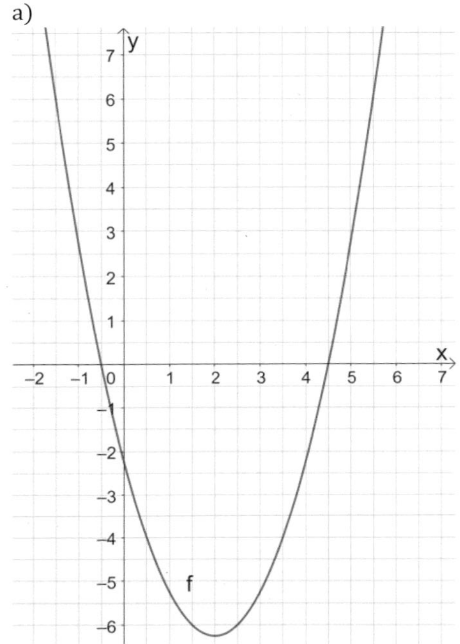

b) - c) $x_1 = -5$; $x_2 = 0$
d) Die Breite einer Parabel gibt es nicht, da sie unendlich breit sein kann, wenn kein Intervall gegeben ist.

c) $x_1 = -9$; $x_2 = 9$
d) Die Breite einer Parabel gibt es nicht, da sie unendlich breit sein kann, wenn kein Intervall gegeben ist.
Mit der Annahme, dass die Parabel an der x-Achse endet, ist das Bauteil 18 cm breit.
e) Das Intervall zwischen den Nullstellen ist die Breite der Funktion.

7
b = 6 cm

Mit der Annahme, dass die Parabel an der x-Achse endet, ist das Bauteil 5 cm breit.
e) Das Intervall zwischen den Nullstellen ist die Breite der Funktion.

Schnittpunkte von Funktionsgraphen

179 Entdecken

1
a) individuelles Probieren. Ergebnis: 0, 1 oder 2 Schnittpunkte
b) ① Falsch
Begründung:
Da eine Parabel nur einen Wendepunkt hat, schneiden sich 2 Parabeln höchstens 2 mal.
② Wahr
Begründung:
Je nach Lage der Parabeln zueinander können sie 0, 1 oder 2 Schnittpunkte haben.
③ Wahr
Begründung:
Bei Parabeln mit dem gleichen X-Wert des Scheitelpunktes.
c) Ⓐ Parabel 1: Öffnung nach oben und Parabel 2 : Öffnung nach unten.
Ⓑ Punktspiegelung am gemeinsamen Scheitelpunkt.
Ⓒ Die Scheitelpunkte haben den selben x-Wert.
d) Gruppenarbeit

2
a) individuelles Probieren. Ergebnis: 0, 1 oder 2 Schnittpunkte.
b) ① Falsch
Begründung:
Da eine Parabel nur einen Wendepunkt hat, schneiden sie sich höchstens 2 mal.
② Wahr
Begründung:
Je nach Lage der Parabel und der Gerade können sie 0, 1 oder 2 Schnittpunkte haben.

③ wahr
Begründung:
Die Gerade liegt unterhalb einer nach oben geöffneten Parabel bzw. oberhalb einer noch unten geöffneten Parabel. Und es gilt: −1> m >1

c) Ⓐ Nach oben geöffnete Parabel: Der y-Wert des Scheitelpunktes ist kleiner als der y-Wert der Gerade bei diesem x-Wert.
Nach unten geöffnete Parabel: Der y-Wert des Scheitelpunktes ist größer als der y-Wert der Gerade bei diesem x-Wert.
Ⓑ Die Gerade geht durch den Scheitelpunkt der Parabel.
Ⓒ Nach oben geöffnete Parabel: Der y-Wert des Scheitelpunktes ist größer als der y-Wert der Gerade bei diesem x-Wert.
Nach unten geöffnete Parabel: Der y-Wert des Scheitelpunktes ist kleiner als der y-Wert der Gerade bei diesem x-Wert

3
a) S (1|2)
b) Gleichsetzungsverfahren

4
a) – b) A (1|−2); B (4|1)
b) Gleichsetzungsverfahren
c) ① Gleichsetzungsverfahren ⇨ $y = x^2 - 3x + 4$
② pq-Formel ⇨ $x_1 = 4$; $x_2 = 1$
③ x_1 und x_2 in die Funktionsgleichung einsetzen: A (1|−2); B (4|1)

5
a) A (0|1); B (2|5)
b) Es schneiden sich 2 Parabeln, also kommt in der Rechnung x^2. 2-mal vor.
c)

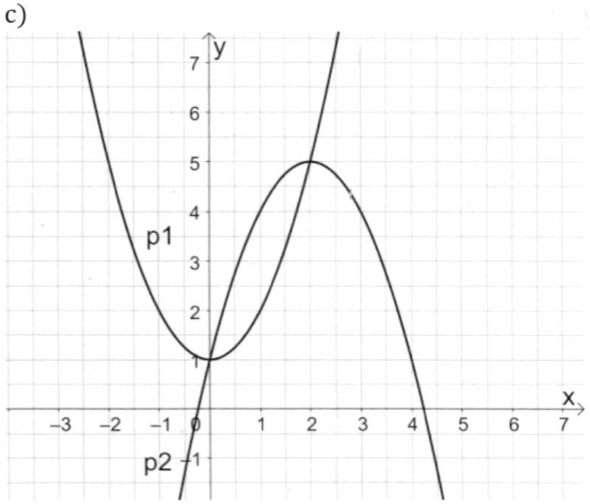

181 Üben und anwenden

1
a) A (−2|−1); B (1|2)
b) A (−1|2); B (2|−1)
b) A (0|1)

2
a) A (−1|1); B (1|1)
b) A (−4|0); B (−1|−3)
c) A (−4|−7); B (1|3)
d) A (−2|1,5); B (−1|0,5)

3
①: Verschieden Vorzeichen bei x^2
②: identisches Vorzeichen bei p

4
a) A (1|−1); B (5|3)
b) A (−7|−2); B (−1|10)
c) A (−4|14); B (−2|6)
d) A (−1|−1); B (2|2)

5
a) p: $y = x^2 + 6x + 10$ g: $y = 2$
b) A (−4|2); B (−2|2)
c) p: $y = x^2 + 6x + 8$ g: $y = 0$
Die Schnittpunkte liegen auf der y-Achse
Funktionsgleichung: $g_{neu} = g - 2$

2
a) Öffnung: p_1: unten
p_2: oben
A (1|−4); B (11|−24)
b) Öffnung: p_3: unten
p_4: oben
A (−15|170); B (−1|−12)
c) Öffnung: p_5: unten
p_6: oben
keine Lösung
d) Öffnung: p_7: oben
p_8: oben
A (−4|−19)
e) Öffnung: p_9: unten
p_{10}: oben
A (−9|−3)

4
a) A (3|−2)
b) A (2|−24); B (3|−27)
c) keine Lösung, da kein Schnittpunkt
d) A (−5|−1); B (−3,8|−1,96)
e) zu a: S(1|−1)
zu b: S(6|−28)
zu c: kein Schnittpunkt
zu d: S(−4|−1)

182 **6**

a) $x_1 = 8$; $x_2 = 4$
b) $x_1 = 5$; $x_2 = -1$
c) $x_1 = 1$; $x_2 = -9$
c) $x = 3{,}5$
c) zu a: $y = (x-6)^2 + 1$
zu b: $y = -(x-2)^2 - 1$
zu c: $y = x^2 + 8x + 18$
zu d: $y = x^2 - 7x + 13{,}25$

7

a) $y = (x-2)^2 - 1$
$y = x - 1$
b) $y = x^2 + 1$
$y = 2x + 1$

6

a) Schnittpunkt y-Achse: $y = -38$
Nullstellen: $x_1 = -19$; $x_2 = 2$
b) Schnittpunkt y-Achse: $y = -14{,}8$
Nullstellen: keine
c) Schnittpunkt y-Achse: $y = -36$
Nullstellen: $x_1 = 2{,}7$; $x_2 = 13{,}25$
d) Schnittpunkt y-Achse: $y = 0$
Nullstellen: $x_1 = 0$; $x_2 = 0{,}43$
e) Schnittpunkt y-Achse: $y = -0{,}94$
Nullstellen: $x_1 = -0{,}75$; $x_2 = 1{,}25$

7

a) $y = x^2 - x + 1{,}3$
$y = -x + 3{,}5$

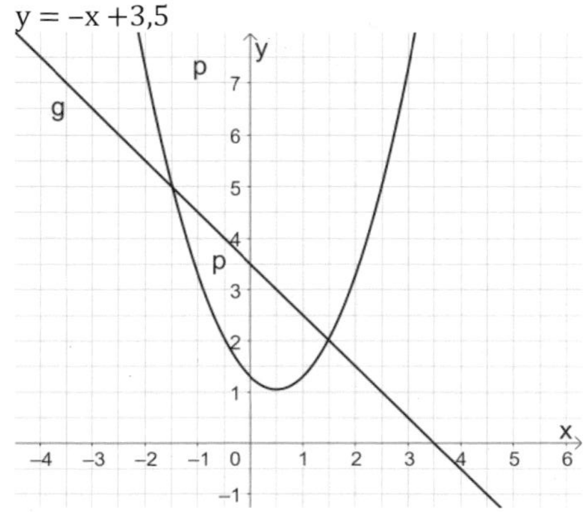

b) $y = x^2 - x + 1{,}3$
$y = -x + 3{,}5$

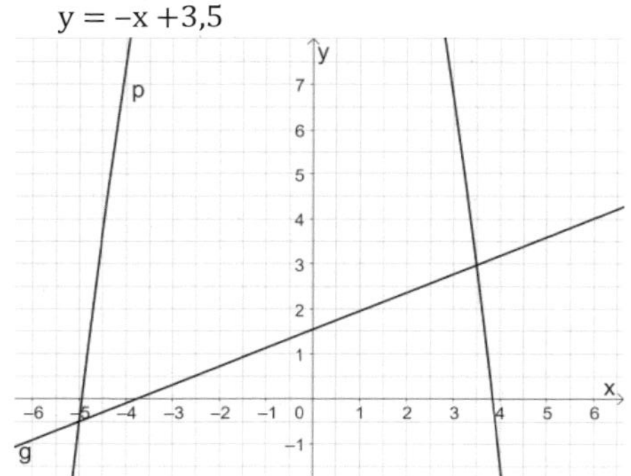

8

<u>Beispiel Normalparabel:</u> Allein die Quadrate von $x \in \mathbb{Z}$ sind wieder ganzzahlig. Die Gerade muss diese Punkte treffen. Bei verschobenen Parabeln, gilt dieses entsprechend.

9

a) Nullstellen: 2
<u>Begründung:</u>
- Öffnung oben
- Achsenabschnitt: $y = -2$

b) Nullstellen: keine
<u>Begründung:</u>
- Öffnung unten
- Achsenabschnitt: $y = -2$

c) Nullstellen: 2
<u>Begründung:</u>
- Öffnung oben
- Scheitelpunkt: S (−2| −2)

d) Nullstellen: keine
<u>Begründung:</u>
- Öffnung unten
- Scheitelpunkt: S (−2| −2)

e) Nullstellen: keine
<u>Begründung:</u>
- Öffnung unten
- Scheitelpunkt: S (−1| −1)

f) Nullstellen: 1
<u>Begründung:</u>
Scheitelpunkt: S (−2| 0)

g) Nullstellen: 1
<u>Begründung:</u>
Scheitelpunkt: S (0| 0)

h) Nullstellen: keine
<u>Begründung:</u>
- Öffnung oben
- Scheitelpunkt: S (−1| 9)

10

a) A (11|−48); B (−5|−43)
b) $x = 0$
c) keine Schnittpunkte
d) A (2|13); B (8|25)
e) A (0|0); B (7|0)
f) A (3|6); B (4|6)
g) keine Schnittpunkte
h) $y = -85$

11

a) p: $y = (x-2)^2 - 2$ g: $y = -2x+1$

b) anliegend

c), d) und e) individuell und Gruppenarbeit

12

a) $x > 2$

b) $0{,}27 < x < 3{,}73$

12

a) $x < 0{,}5 \vee x > 3{,}5$

b) $0{,}5 < x < 3{,}5$

Strategie Quadratische Gleichungen grafisch lösen

183 Üben und anwenden

1

a) L = {−5; −3}

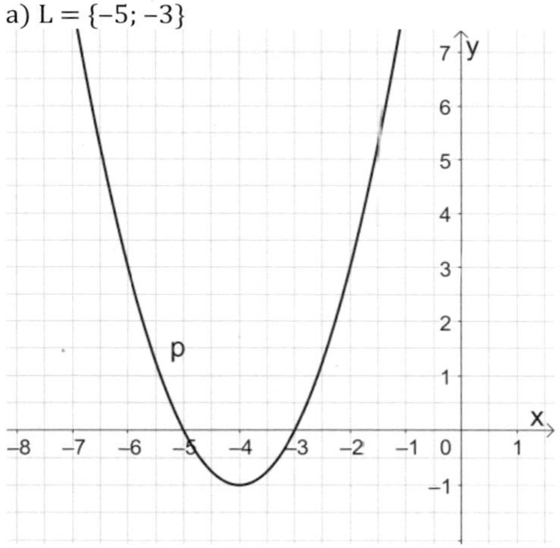

b) L = {3; 7}

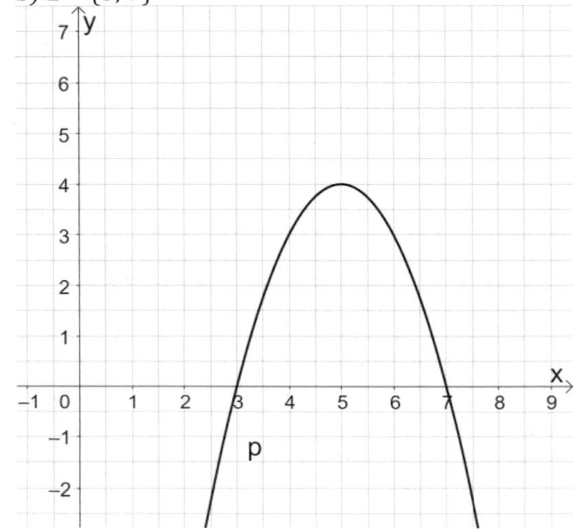

c) L = {}

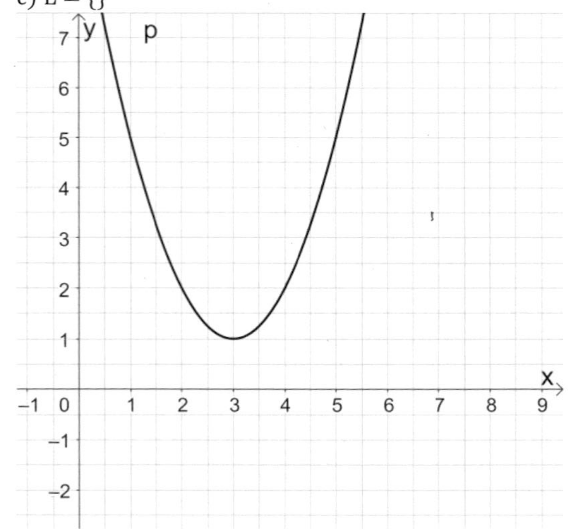

2

a) $L = \{-0,7; 2,7\}$

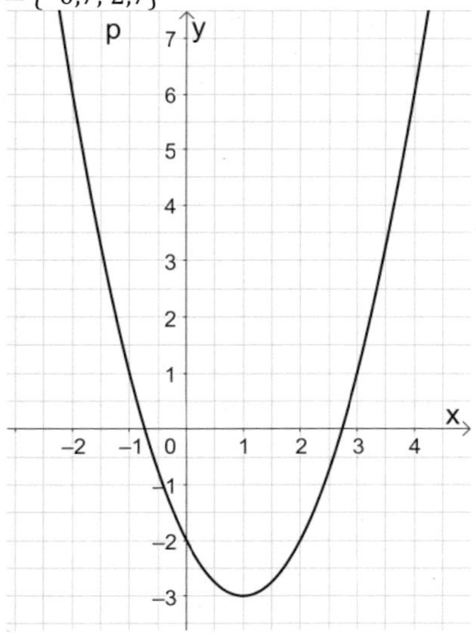

b)

b) $L = \{-1; 11\}$

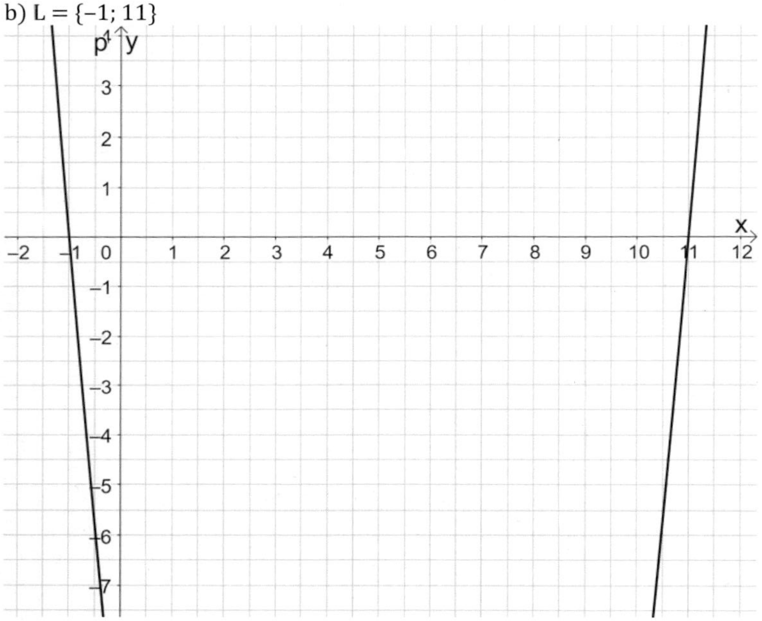

c) $L = \{0,6; 3,6\}$

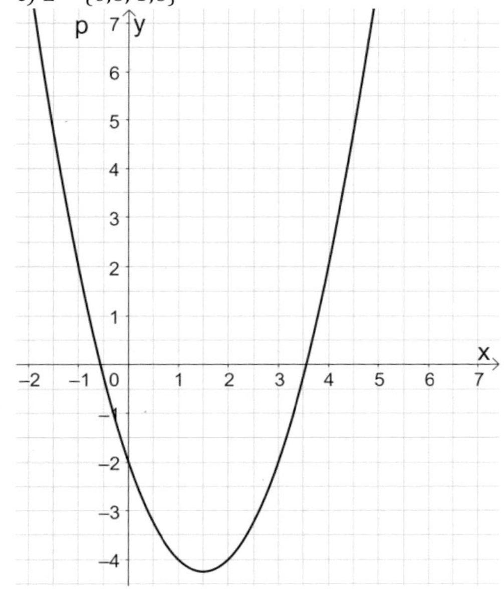

Schwierigkeiten:
- zu b: Scheitelpunkt < −10
- zu a und c: Ablesen der Kommazahlen

3

individuell

186 Vermischte Übungen

1

p_1: S(−1|1)
p_2: S(−0,5|−2)
p_3: S(1|−1)
p_4: S(1,5|2)

2

y_1: $x_1 = -3$; $x_2 = -1$
y_2: $x_1 = -1,73$; $x_2 = 1,73$
y_3: $x_1 = 2,78$; $x_2 = 5,23$

1

a) p_1: $y = -(x + 0)^2 + 0,5$
b) p_3: $y = -(x - 1)^2 + 0$
c) g_1
d) p_2: $y = -(x + 1)^2 + 1,75$
e) p_4: $y = (x - 1)^2 + 0$
f) p_5: $y = -(x - 1)^2 + 1$

2

a) p_1: $x_1 = -7$; $x_2 = -1$
p_2: $x_1 = -4$; $x_2 = 0$
p_3: $x_1 = 1$; $x_2 = 5$
p_4: $x_1 = -6$; $x_2 = -3$

3

a) S_2 (−3|−6)

b) S_3 (3|6)

c)

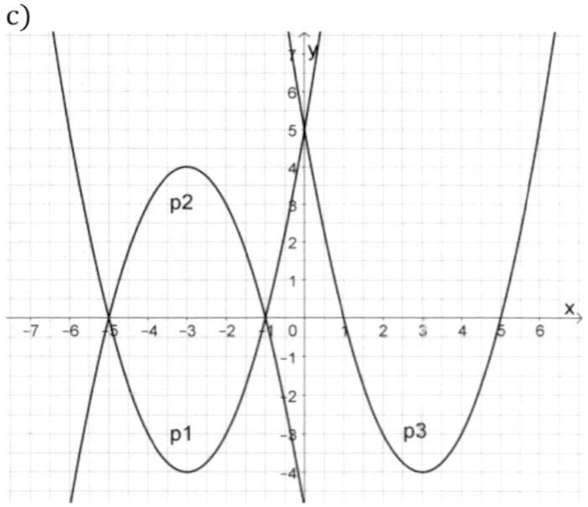

d) p_1: $y = x^2 + 6x + 15$

p_2: $y = -x^2 - 6x - 15$

p_3: $y = x^2 - 6x + 15$

187 **4**

a) 2 Lösungen: L = {−34; 10}

b) keine Lösung: L = { }

c) keine Lösung: L = { }

d) 1 Lösung: L = {−15}

e) 2 Lösungen: L = {4,71; 3,29}

f) 1 Lösung: L = {−17}

5

a) L = {2; −1}

b) L = {− 1,45; 3,45}

c) L= {−1,5; −1}

d) L= {7}

b) p_2 und p_3

<u>Begründung:</u>

Die Funktionsgleichungen sind in der Scheitelform angegeben.

c) p_4 und p_1

<u>Begründung:</u>

q ist in der Funktionsgleichung ablesbar.

3

a) p_1: S (3|−1)

p_2: S (−3|−1)

p_3: S (−3|1)

b) p_2: $y = -x^2 - 6x + 10$ A(0|−10)

p_3: $y = x^2 + 6x + 10$ A(0|10)

c)

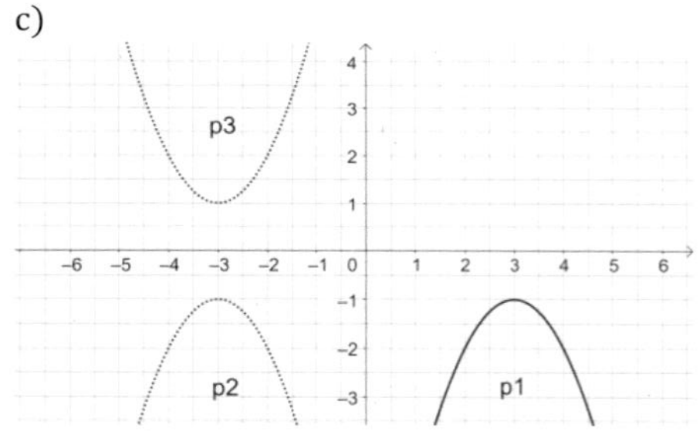

5

a) L = {−1,29; 9,29}

b) L = { }

c) L= {−2; 6}

d) L= {2}

6

a) D = ℝ\ {0; −2}; L = {0,37; 1,45}

b) D = ℝ \ {0; 2}; L = {−0,5; 3}

c) D = ℝ \ {−4; 4}; L = {−3; 6}

7

a) $y = x^2 + 3x - 10$

b) $y = x^2 + 3x - 18$

8

a) −h) individuell

9

a) $y = x^2 - 6x + 8$

b) $y = x^2 + 4x + 5$

c) $y = x^2 + 2x - 7$

d) $y = -x^2 + 8x - 9$

e) $y = -x^2 - 14x - 20$

f) $y = -x^2 + 4x + 96$

10

a) A (−6|−3); B (1|4)

b) A (3|9); B (9|−3)

c) A (−7|−23); B (−4|−26)

d) A (4|11)

11

a) Schnittpunkt y-Achse: y = −3

Nullstellen: $x_1 = 1$; $x_2 = 3$

8

a) individuell

b) $y_1 = x^2 - 10x + 21$

$y_2 = -x^2 + 10x - 21$

c) $y_1 = x^2 + 4{,}5x$

$y_2 = x^2 + 4{,}5x + 2$

d) z.B.:

$y_1 = x^2 + 3x - 6$

$y_2 = -x^2 - 3x - 13$

e) $y_1 = x^2$

$y_2 = -x^2 + 2$

d) z.B.:

$y_1 = x^2 - 2$

$y_2 = -x^2 - 4$

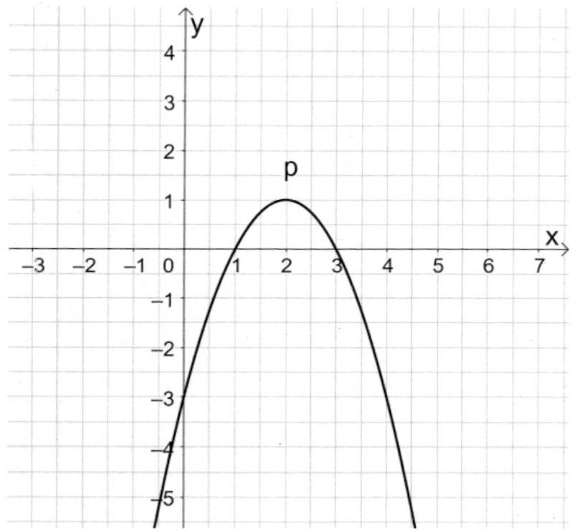

b) Schnittpunkt y-Achse: $y = 21$
Nullstellen: $x_1 = 3$; $x_2 = 7$

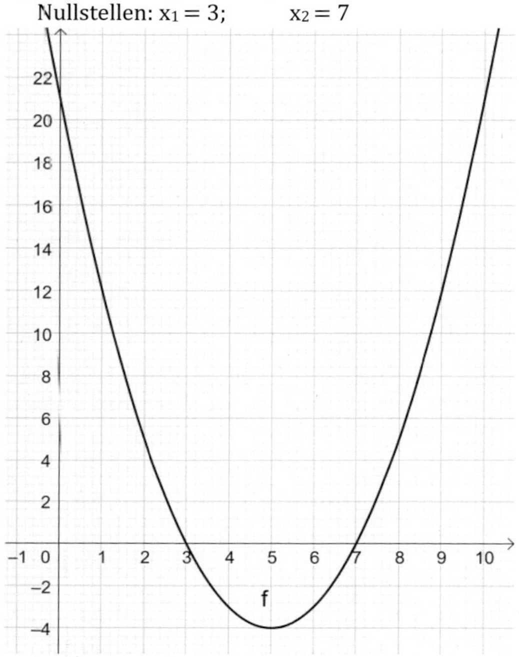

c) Schnittpunkt y-Achse: $y = 20$
Nullstellen: $x_1 = -4{,}5$

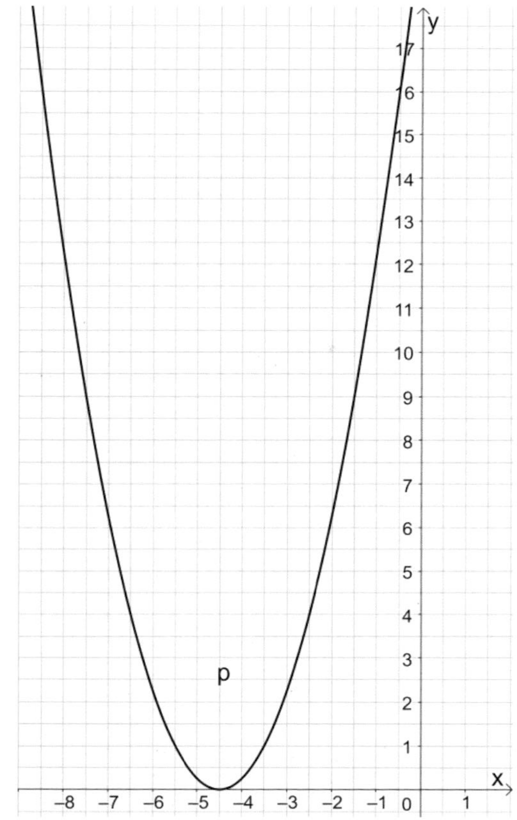

d) Schnittpunkt y-Achse: $y = -6{,}5$
Nullstellen: $x_1 = 1{,}4$; $x_2 = 4{,}6$

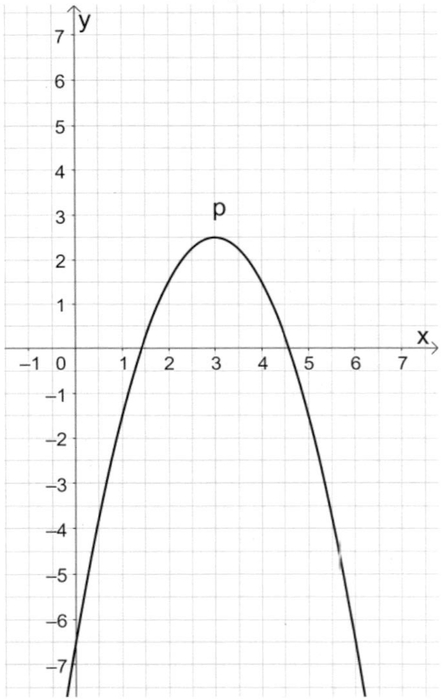

Vermischte Übungen

188 **12**

a) b) A (−4|−2); B (1|3)
c) Die Wurzel einer Zahl ist stets positiv und negativ.

13

a) $y = 23$
b) $x_1 = -6$; $x_2 = -2$
c) $x_1 = 7$; $x_2 = 19$
d) $y = -10{,}3$
e) $x_1 = -7$; $x_2 = 1$
f) $x_1 = -8$; $x_2 = 0$

14

a) $y = -14$
b) $x_1 = -4$; $x_2 = 1$
c) $x_1 = 5$; $x_2 = 17$
d) $y = 482{,}5$
e) $x_1 = -4$; $x_2 = 3$
f) $x = 4$

15

a) $x = -6$
b) Scheitelpunkt

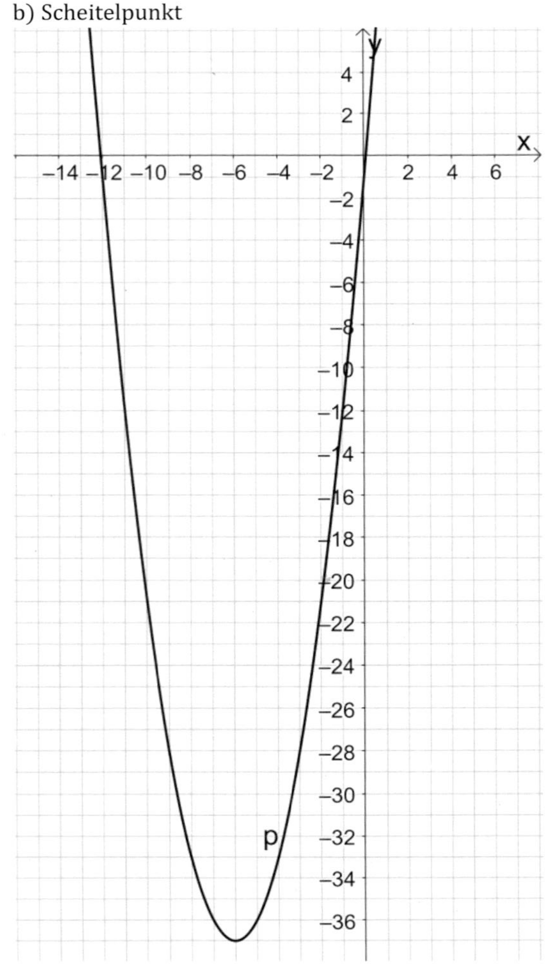

Anwendungen

16

a) h = 36m; b = 70m

b) h_{40} = 24m

c) b = 54 m

189 **17**

a) nach unten geöffnet

b) $y = -0{,}625x^2 + 10$

Nullstellen: $x_1 = -4$; $x_2 = 4$

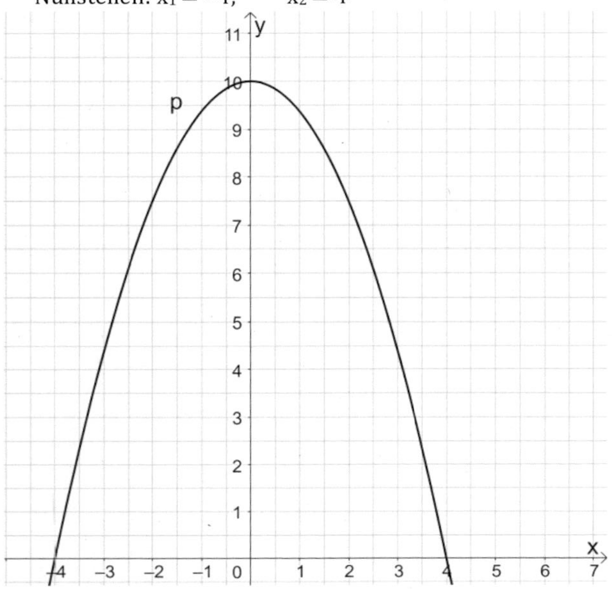

c) d = 10m

18

a)

x: Geschwindigkeit (in km/h)	0	20	40	60	80	100	120
y: Bremsweg (in m)	0	4	16	36	64	100	144

b) Sie entsprechen sich

c) Gemeinsamkeiten: Scheitelpunkt: Ursprung
Öffnung nach oben

Unterschiede: Exponentielle Steigung
gestreckt
im 1. Quadraten

19

a)

x	0	1	2	3	4	5	6
y	0	3,14	12,57	28,27	50,27	78,54	113,10

b) r < 0

c)

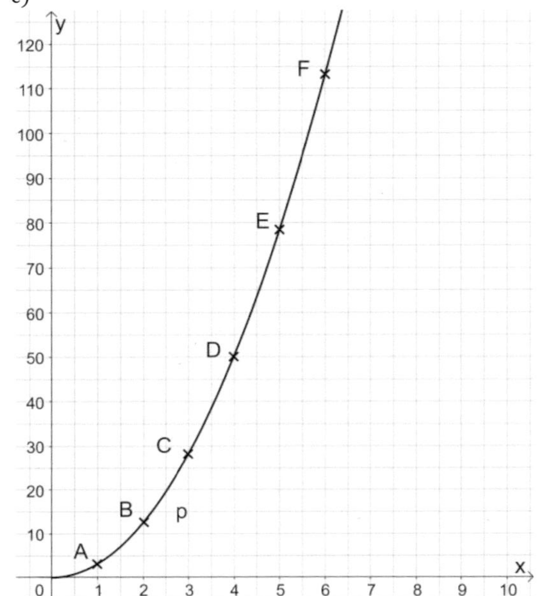

d) Gemeinsamkeiten: Scheitelpunkt: Ursprung
Öffnung nach oben

Unterschiede: Exponentielle Steigung
gestaucht
im 1. Quadraten

e) Ablesen des x-Wertes bei y= 10: r = 1,75 cm

20

a) a = 1,6 cm; b = 3,25 cm

b) **D5**: = 4 – 2***A5** **F5**: = **B5** **H5**: = **D5*****F5**

190 21

a) S (3|−1)

b) $x_1 = 2$; $x_2 = 4$

c) $y = x^2 + 10x + 32$

d) A (4|0); B (5|3)

e) p_4: $y = x^2 - 12x + 32$

f) p_5: $y = x^2 + 10x + 23$

g)

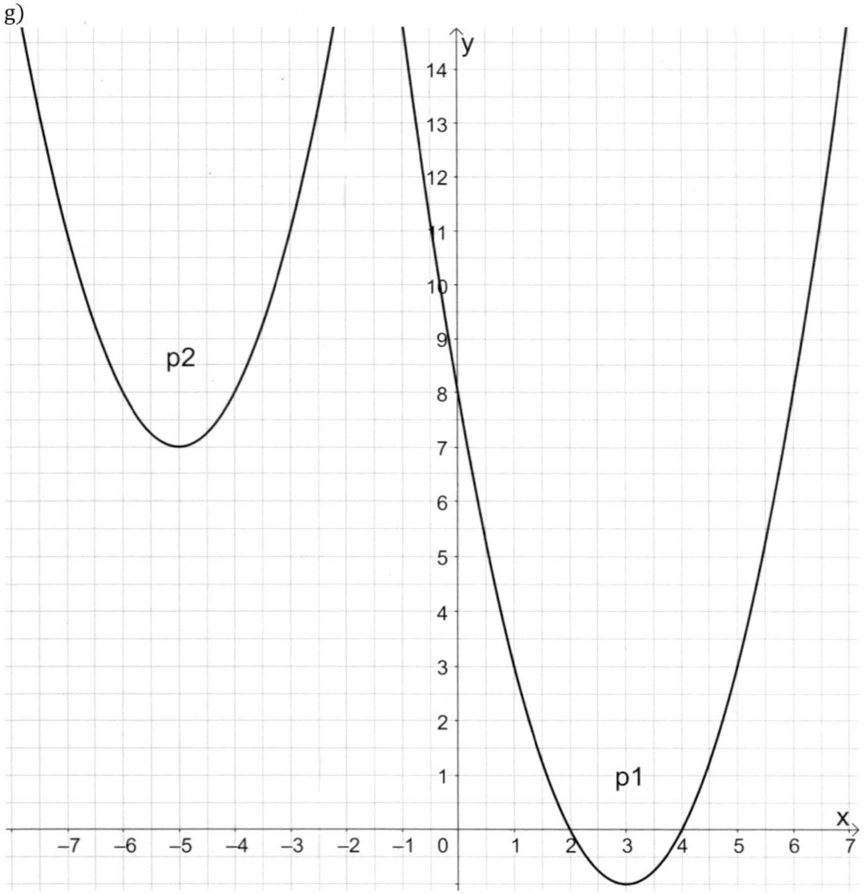

h) p_6: $y = -x^2 + 2x$
p_7: $y = x^2 - 2x + 2$
p_8: $y = -x^2 - 2x - 2$

Keine Schnittpunkte: p_7 und p_8

<u>Begründung:</u> - gegensätzliche Öffnungen
- Scheitelpunkt p_7: 1. Quadrat
- Scheitelpunkt p_8: 3. Quadrat

i)

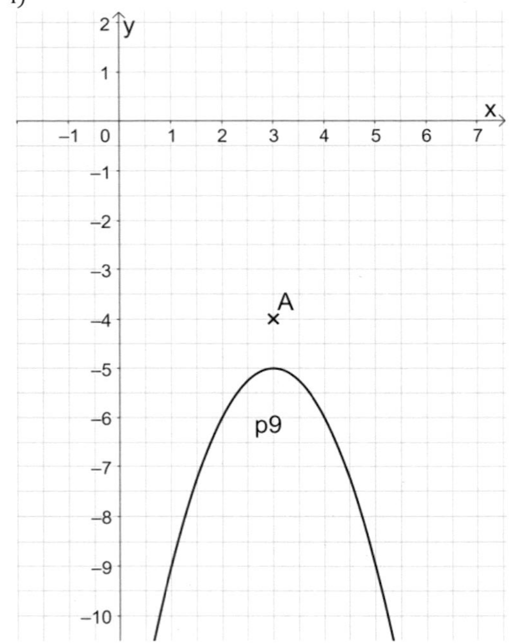

h) $p = \mathbb{R} \leq 0$

Noch fit?

1

a)

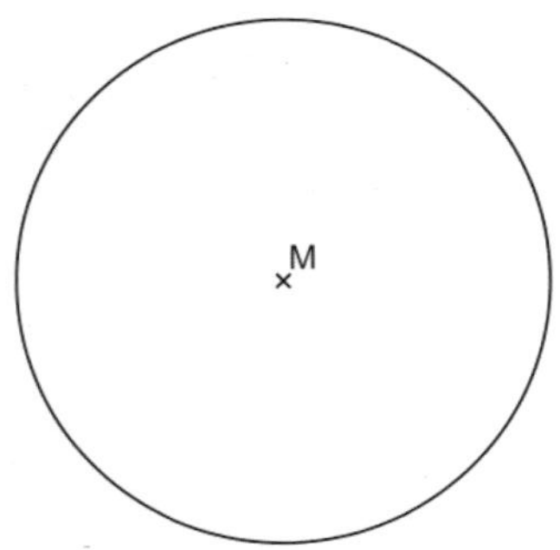

a) Auf dem Kreisbogen
Katheten: $\overline{BC}; \overline{CA}$
Hypotenuse: $\overline{AB}$

c) Winkel: AMC = 90°,
Katheten: $\overline{AM}; \overline{MC}$
Hypotenuse: $\overline{AC}$

2

a)

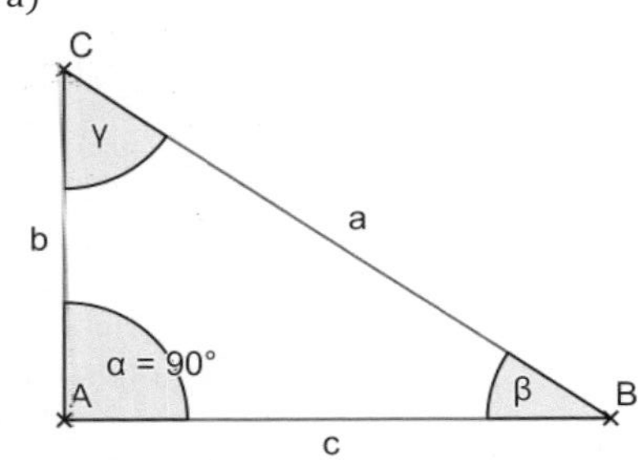

b) Hypotenuse: a

c) Die Hypotenuse ist die Seite a

d) $a^2 = b^2 + c^2$

e) $\tan\beta = \frac{b}{c}$; $\sin\beta = \frac{b}{a}$; $\cos\beta = \frac{c}{a}$

3

a = 8 cm b = 9 cm c = 10 cm V = 720 cm³

Bist du bereit für die Berufswelt?

195 Beruf Radiologieassistent/-in

1 (orange)
Wellenlänge der Röntgenstrahlen:
von $5 \cdot 10^{-9}$mm bis $1 \cdot 10^{-5}$ mm
Objekte aus der Umwelt:
z. B. Ultrafeinstaub

1 (grün)
Schwingungen der Röntgenstrahlungen pro Sekunde:
Zwischen 250 000 000 Mrd. und 60 000 000 000 Mrd.

2 (hellblau)
Vergleich mit Mikrowellen
Wellenlänge: Um den Wert von ca. 1 Mrd. größer.
Frequenz: ca. 2 Mal bis 3 Mal so häufig.
Vergleich mit Infarot
Wellenlänge: Um den Wert von ca. 1 Mio. größer.
Frequenz: ca. 1,5 Mal bis 2 Mal so häufig.
Vergleich mit sichtbarem Licht
Wellenlänge: Um den Wert von ca. 1 000 größer
Frequenz: ca. 1,5 Mal so häufig.
Vergleich mit UV-Strahlung
Wellenlänge: Um den Wert von ca. 500. größer
Frequenz: ca. 1,5 Mal bis 1,2 Mal so häufig.

3 (grau)
Giga: 10^6 ⇨ 1 000 000 Schwingungen pro Sekunde
Tera: 10^{12} ⇨ 1 000 000 000 Schwingungen pro Sekunde
Peta: 10^{15} ⇨ 1 000 000 000 000 Schwingungen pro Sekunde

4 (dunkelblau)
Wahr: Reduktion auf 8,75%.

5 (gelb)
Vgl. Lernstufen Mathematik 10, S. 195

6 (rot)
a) $W_v = 89{,}09\%$; $W_z = 10{,}91\%$;
b)

Zeit in h	0	1	2	3	4	5	6	7	8	9	10	11	12
Tc99m in mg	2,5	2,23	1,98	1,77	1,57	1,40	1,25	1,11	0,99	0,88	0,79	0,70	0,63

c) 1,35mg Tc99m: nach ca. $5\frac{3}{4}$ Stunden.
Nach 2,5 Stunden sind ca. 2mg Tc99m im Körper

196 Beruf Beton- und Stahlbetonbauer/-in

1 (orange)
Quader
Begründung:
Jeweils 2 rechteckige Flächen liegen parallel zueinander.

1 (grün)

Wand	Länge a in m	Breite b in m	Höhe c in m	Front in m²
①	120	0,3	80	24
②	22,5	0,4	45	18
③	144	0,25	48	12

2 (hellblau)
① 55,2 m² Holz ≙ 364,32 €
② 41,4 m² Holz ≙ 273,24 €
③ 13,8 m² Holz ≙ 91,08 €

3 (rot)
Bewehrungsmaterial: 534,60 €

4 (gelb)
Gewicht Wände: 11 880 810 kg

5 (gelb)
Masse Würfel: 2000kg - 2600kg > Masse PKW: ca. 1400kg

6 (dunkelblau)
a)

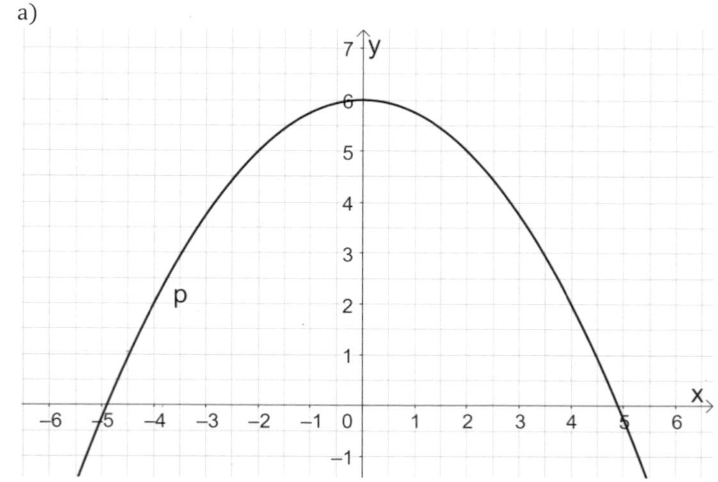

b) h = 6m; L = 10m

197 Beruf Kaufmann/ -frau im Einzelhandel

1 (grau)
Anschaffungskosten: 2509,-€
MwSt: 400,60€

2 (hellblau)
Jährliche Kosten bei 1000 km Fahrstrecke: 2602,95€

3 (orange)
a) Finanzierung: 5 Jahre
b) Nein, denn er bezahlt bei diesem Zinssatz von 8,858% 511,-€ Zinsen.

4 (grün)
a) 30km/h: Anhalteweg: 18m
b) 60km/h: Anhalteweg: 54m

198 Beruf Lackierer/-in

1 (grün)
Flächen: Rechteck, Trapez, Kreis
Körper: Quader, Zylinder, Dreiecksprisma

2 (gelb)
individuell

3 (hellblau)
a) Kreise: Räder; Rechtecke: Fenster, Frontschürze
b) individuell
c) $O \approx 140\,000\ cm^2$
c) 14 Liter Lack

4 (grau)
$V = 142{,}27\ cm^3$

5 (orange)

Bezeichnung	Menge	Einzelpreis	Betrag
Ausbau von Teilen	1	89,- €	89,- €
Abkleben von Scheiben	1	39,- €	39,- €
Ausbeulen, Spachteln, Schleifen Schadstellen	12	59,- €	708,- €
Lackieren Motorhaube und Kotflügel	9	99,- €	891,- €
Material	1	129,- €	129,- €
		Nettobetrag	1856,-€
		Umsatzsteuer 19%	352,64 €
		Rechnungsbetrag	2208,64 €
		– 2,5% Skonto	55,22 €
		Zu bezahlender Betrag	2153,42 €

Bist du vorbereitet?

201 Beispiele für Aufgaben zu Grundkenntnissen (Teil A)

1

a) $m = -\frac{2}{3}$

b) $m = \frac{3}{2}$

c) $m = \frac{2}{3}$

2

Wahr, denn $y = 3x + 3$

3

a) Exponentielles Wachstum: $W_n = W_0 \cdot 0{,}5^4$

b) Lineares Wachstum: K= 80,– € + x · 45,–€

4

Falsch, denn $(3x)^2 \cdot (3y)^2 = 9^2 \cdot x^2 \cdot y^2 = 81x^2y^2$

5

②, ④, denn nur hier ist $\alpha \neq 90°$ und die Hypotenuse β.

6

Volumen: 64-fach

Oberfläche: 16-fach

7

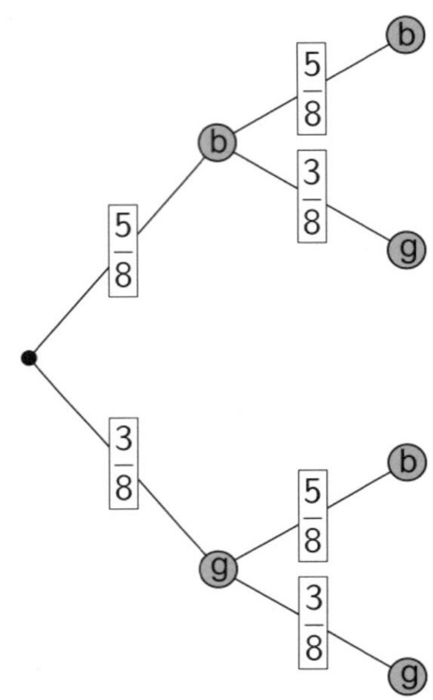

Kugeln im Gefäß:
- 3 gelbe und 5 blaue Kugeln
- 6 gelbe und 10 blaue Kugeln

8

Der blaue Graph

<u>Begründung</u>: Bei x = 90° ist y = 1.

9

$\left(\sqrt[3]{1000}\right)^2 > \sqrt[3]{1000} > \sqrt[4]{1000} > \frac{1}{\sqrt[4]{1000}}$

10

a) $4x^2 - 0 = 0$

b) $4x^2 - \frac{x}{0} = 0$

c) $4x^2 - 2x = 0$

202 Beispiele für komplexe Aufgaben (Teil B)

1

a) y = 3x – 9
b) y = – 0,33x + 1
c)

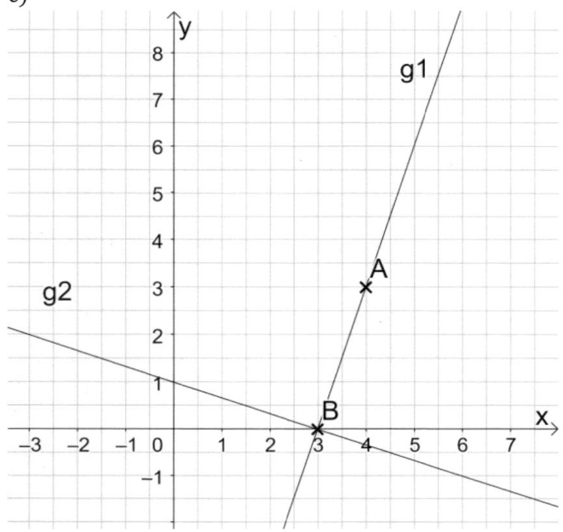

d) α = 18,43°
e) Wahr
Begründung: gleiche Steigung
f) y = 2x + 7

2

a) x = 2,5; y = 5
b) gleiche Steigung, aber anderer y-Achsenabschnitt: beide Geraden sind parallel
c) negative, reziproke Steigung: m = 0,5
d) A (1| 3)
e) y = 0,4 x + 3,2
f) α = 63,24°

3

r = 3mm

4

a) W_{32} = 318,92g
b) 10168 Jahre
c) W_0 = 65,16 g

5

a) $3y^8$
b) $\frac{a^3}{b^5 \cdot c^2}$

6

a) D = ℝ \ {-3; 3}; L = {–1; 9}
b) D = ℝ \ {0}; L = {–18; 18}

203 7

a) $P = \frac{9}{14}$
b) P = 0,71
c) Sie gibt eine weitere blaue Kugel hinzu.

8

a) ① Falsch
② Wahr
③ Wahr
④ Falsch
b) x = 6,67 cm

9

r = 31,07 cm

10

a) $\sin\alpha = \frac{h}{b} = \frac{h}{d}$
b) Eingesetzt: $\frac{8}{3,2} = 2,5$ ist wahr.
c) U = 19,2 cm

11

a) Wandstärke = 5,66 cm
b) Masse des Werkstücks: 73,0 kg

12

a) $y = x^2 - 6x + 5$
b) $S_1 = (3|-4)$
c) N_1 (1|0); N_2 (5|0)
d) $y = -x^2 + 2x + 5$
e) A (–3| –6); B (2| –6)

204 13

a) $y = x^2 - 6x + 8$
b) $S_1 = (3|1)$; $y = -x^2 - 6x - 8$
c) $y = -x^2 + 4x - 1$
d) $S_3 = (2|3)$;
e) H (2| 0); T (5| 3)

14
a) ③
b) n = 10,22 Jahre
c) p = 2,3 %

15
$\frac{9!}{4!}$ = 15 120 Möglichkeiten

16
$V_K = \frac{4}{3}r^3\pi \quad \Rightarrow r = \sqrt[3]{\frac{3}{4\pi}V}$ |
$V_W = r^3 \quad \Rightarrow r = \sqrt[3]{V}$
Wenn gilt: $O_K < O_W$, dann gilt eingesetzt:
$4\pi\left(\sqrt[3]{\frac{3}{4\pi}V}\right)^2 < 6\cdot\left(\sqrt[3]{V}\right)^2$
$4\pi\left(\frac{3}{4\pi}\right)^{\frac{2}{3}}\cdot V^{\frac{2}{3}} < 6\cdot V^{\frac{2}{3}}$
$4\pi\left(\frac{3}{4\pi}\right)^{\frac{2}{3}} < 6$
$4{,}84 < 6$
wzbw

17

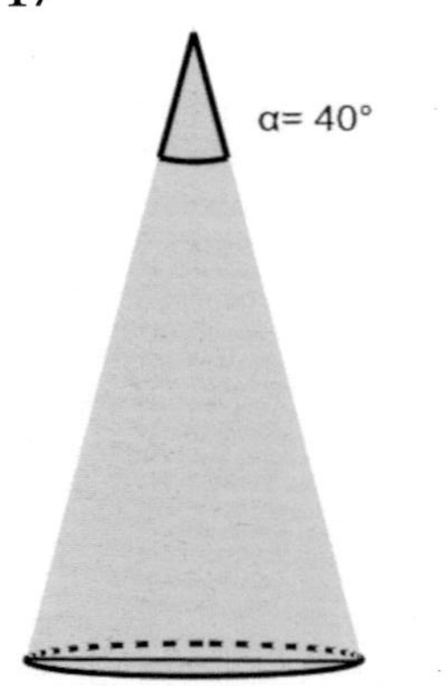

P = 31 732,30 €

18
a) $\alpha = 50°; \beta = 130°; \gamma = 65°; \delta = 25°$
b) U = 63,64 cm

19
a) h = 76,5 cm
b) U = 382,8 cm

20
a) $(4a - 3a^2b)^2 = 16a^2 - 24a^3b + 9a^4b^2$
b) $(x^2 - \frac{5}{6}y)\cdot\left(x^2 + \frac{5}{6}y\right) = x^4 - \frac{25}{36}y^2$